生态环境监测与园林绿化设计

王成强　张淑贞　李志华◎著

图书在版编目（CIP）数据

生态环境监测与园林绿化设计 / 王成强，张淑贞，李志华著. -- 北京 : 中国商务出版社，2022.10
ISBN 978-7-5103-4470-1

Ⅰ. ①生… Ⅱ. ①王… ②张… ③李… Ⅲ. ①生态环境－环境监测②绿化－园林设计 Ⅳ. ①X835②TU986.2

中国版本图书馆CIP数据核字(2022)第189322号

生态环境监测与园林绿化设计
SHENGTAI HUANJING JIANCE YU YUANLIN LUHUA SHEJI
王成强　张淑贞　李志华　著

出　　版：中国商务出版社
地　　址：北京市东城区安外东后巷28号　　邮　编：100710
责任部门：教育事业部（010-64283818）
责任编辑：刘姝辰
直销客服：010-64283818
总 发 行：中国商务出版社发行部（010-64208388　64515150）
网购零售：中国商务出版社淘宝店（010-64286917）
网　　址：http://www.cctpress.com
网　　店：https://shop162373850.taobao.com
邮　　箱：347675974@qq.com
印　　刷：北京四海锦诚印刷技术有限公司
开　　本：787毫米×1092毫米　1/16
印　　张：12.25　　字　数：253千字
版　　次：2023年5月第1版　　印　次：2023年5月第1次印刷
书　　号：ISBN 978-7-5103-4470-1
定　　价：76.00元

凡所购本版图书如有印装质量问题，请与本社印制部联系（电话：010-64248236）

前　言

随着我国社会经济的快速发展，园林绿化设计在内容和形式上也发生了巨大的变化，生态园林是园林景观行业追寻的根本，现代景观艺术设计从某种意义上来说，就是脚下这片赖以生存的土地的分析、规划、设计、改造、保护和管理。它本身就具有自然属性和社会属性的双层含义，驾驭着整个生态系统的结构与功能。

现代化城市的发展离不开园林绿化建设，园林绿化是一个城市进行生态文明建设的重要手段，但我国很多城市在开展园林绿化工作的过程中还存在一些不足，不利于城市健康发展和生态文明建设。所以有必要及时找出存在的问题并制定科学合理的对策，因地制宜地做好园林绿化工作，从而营造良好的生态环境。

在智慧化时代的今天，景观工作者需要在建设发展中重建生态平衡，建设多层次、多结构、多功能、科学的植物群落，建立人类、动物、植物相联系的新秩序，达到生态美、科学美、文化美和艺术美的高度统一。在景观艺术设计中应用系统工程发展园林，使生态、社会和经济效益同步发展，实现良性循环，为人类创造清洁、优美、文明的生态环境。基于此，对生态环境监测与园林绿化设计进行了探讨，旨在为城市可持续发展提供参考。

本书从生态环境监测相关理论入手，重点探讨了生态环境监测的仪器分析方法，在此基础上对园林绿化工程生态应用设计、城市景观绿化设计做了详细的阐述，最后研究了园林生态环境监测管理和质量保证等内容，书中主题明确、结构合理、内容全面、研究深刻，对于完善生态环境监测与园林绿化设计具有重要的现实意义。

目 录

第一章　生态环境监测相关理论

环境监测是环境科学的一个重要分支学科。环境化学、环境物理学、环境地学、环境工程学、环境医学、环境管理学、环境经济学及环境法学等所有环境科学的分支学科，都需要在了解、评价环境质量及其变化趋势的基础上，才能进行各项研究和制定有关的管理、经济法规。"监测"一词的含义可理解为监视、测定、监控等，因此环境监测就是通过对影响环境质量因素的代表值的测定，确定环境质量（或污染程度）及其变化趋势。随着工业和科学的发展，监测包含的内容也不断扩展。由对工业污染源的监测逐步发展到对大环境的监测，即监测对象不仅是影响环境质量的污染因子，还延伸到对生物、生态变化的监测；从确定环境实时质量到预测环境质量，例如，当发生突发性污染事件时，必须根据污染源的数量、性质和水文资料（或气象资料）估算下游（下风向）不同地点、不同时间和不同高度污染物的浓度变化，以确定处置和应对措施。

判断环境质量，仅对某一污染物进行某一地点、某一时刻的分析测定是不够的，必须对各种有关的污染因素、环境因素在一定范围、时间、空间内进行测定，分析其综合测定数据，才能对环境质量做出确切评价。因此，环境监测包括对污染物分析测试的化学监测（包括物理化学方法）；对物理（或能量）因子热、声、光、电磁辐射、振动及放射性等的强度、能量和状态测试的物理监测；对生物由于环境质量变化所出现的各种反应和信息，如受害症状、生长发育、形态变化等测试的生物监测；对区域群落、种群的迁移变化进行观测的生态监测。

环境监测的过程一般为：现场调查→监测方案制订→优化布点→样品采集→运送保存→分析测试→数据处理→综合评价等。

从信息技术角度看，环境监测是环境信息的捕获→传递→解析→综合的过程。只有在对监测信息进行解析、综合的基础上，才能全面、客观、准确地揭示监测数据的内涵，对环境质量及其变化做出正确的评价。

环境监测的对象包括：反映环境质量变化的各种自然因素、对人类活动与环境有影响的各种人为因素、对环境造成污染危害的各种成分。众多因素对环境的影响错综复杂，利用现代网络、大数据和云计算，可以对复杂因素予以整理并高速计算，获得和预测环境质量的变化，有利于对环境质量的监控。

第一节　环境监测的目的和分类

一、环境监测的目的

环境监测的目的是准确、及时、全面地反映环境质量现状及发展趋势，为环境管理、污染源控制、环境规划及环境质量的预测等提供科学依据。具体可归纳为：

1. 根据环境质量标准，评价环境质量；

2. 根据污染特点、分布情况和环境条件，追踪污染源，研究和预测污染变化趋势，为实现监督管理、控制污染提供依据；

3. 收集环境本底数据，积累长期监测资料，为研究环境容量，实施总量控制、目标管理，为预测、预报环境质量提供数据；

4. 为保护人类健康，保护环境，合理使用自然资源，制定环境法规、标准、规划等服务。

二、环境监测的分类

环境监测可按其监测目的或监测介质对象进行分类，也可按专业部门进行分类，如气象监测、卫生监测和资源监测等。县级以上环境保护部门环境监测活动的管理职责是：①环境质量监测；②污染源监督性监测；③突发环境污染事件应急监测；④为环境状况调查和评价等环境管理活动提供监测数据的其他环境监测活动。

（一）按监测目的分类

1. 监视性监测（又称为例行监测或常规监测）

对指定的有关项目进行定期的、长时间的监测，以确定环境质量及污染源状况、评价控制措施的效果，衡量环境标准实施情况和环境保护工作的进展。这是监测工作中量最大、面最广的工作。

监视性监测包括对污染源的监督监测（污染物浓度、排放总量、污染趋势等）和环境质量监测（所在地区的空气、水质、噪声及固体废物等监督监测）。

2. 特定目的监测（又称为特例监测）

根据特定的目的，环境监测可分为以下四种。

（1）污染事故监测

在发生污染事故，特别是突发性环境污染事故时进行应急监测，往往需要在最短的时间内确定污染物的种类；对环境和人类的危害；污染因子扩散方向、速度和危及范围；控制的方式、方法；为控制和消除污染提供依据，供管理者决策。这类监测常采用流动监测（车、船等）、简易监测、低空航测、遥感等手段。

（2）仲裁监测

主要针对污染事故纠纷、环境法律执行过程中所产生的矛盾进行监测。仲裁监测应由国家指定的具有质量认证资质的部门来执行，以提供具有法律责任的数据（公证数据），供执法部门、司法部门仲裁。

（3）考核验证监测

包括对环境监测技术人员和环境保护工作人员的业务考核、上岗培训考核；环境监测方法验证和污染治理项目竣工时的验收监测等。

（4）咨询服务监测

为政府部门、科研机构、生产单位所提供的服务性监测。例如，建设新企业进行环境影响评价时，需要按评价要求进行监测；政府或单位开发某地区时，该地区环境质量是否符合开发要求，以及项目与相邻地区环境相容性等，可通过咨询服务监测工作获得参考意见。

3. 研究性监测（又称科研监测）

研究性监测是针对特定目的的科学研究而进行的监测。例如，对环境本底的监测及研究，对有毒有害物质对从业人员影响的研究，对新的污染因子监测方法的研究，对痕量甚至超痕量污染物的分析方法的研究，对复杂样品、干扰严重样品的监测方法的研究，环境质量的变化和预测，为监测工作本身服务的科研工作的监测，如对统一方法、标准分析方法的研究，和对标准物质的研制等。这类研究往往要求多学科合作进行。

（二）按监测介质对象分类

按监测介质对象分类，环境监测可分为水质监测、空气或废气监测、土壤监测、固体废物监测、生物监测、生态监测、噪声和振动监测、电磁辐射监测、放射性监测、热监测、光监测及卫生（病原体、病毒、寄生虫等）监测等。

第二节　环境监测的特点和监测技术

一、环境监测的发展

（一）被动监测

环境污染虽然自古就有，但环境科学作为一门学科是在20世纪50年代才开始发展起来的。最初危害较大的环境污染事件主要是由化学毒物所造成，因此，对环境样品进行化学分析以确定其组成和含量的环境分析就产生了，由于环境污染物通常处于痕量级（mg/kg、μg/g）甚至更低，并且基体复杂，流动性、变异性大，又涉及空间分布与变化，所以对分析的灵敏度、准确度、分辨率和分析速度等提出了很高要求。因此，环境分析实际上促进了分析化学的发展。这一阶段称为污染监测阶段或被动监测阶段。

（二）主动监测

随着科学的发展，到了20世纪后期，人们逐渐认识到影响环境质量的因素不仅是化学因素，还有物理因素（包括噪声、振动、光、热、电磁辐射、放射性等）、生物因素等，所以用生物（动物、植物）的生态、群落、受害症状等的变化作为判断环境质量的标准更为确切、可靠，从生物监测向生态监测发展，即在时间和空间上对特定区域范围内生态系统或生态系统组合体的类型、结构和功能及其组合要素进行系统的观测和测定，以了解、评价和预测人类活动对生态系统的影响，为合理利用自然资源、改善生态环境提供科学依据。此外，某一化学毒物的含量仅是影响环境质量的因素之一，环境中各种污染物之间、污染物与其他物质、其他因素之间还存在着协同作用、相加作用、独立作用和拮抗作用等，所以环境分析只是环境监测的一部分。环境监测的手段除了化学手段，还有物理、生物等手段。同时，从点污染的监测发展到面污染及区域性的立体监测，这一阶段称为环境监测阶段，也称为主动监测或目的监测阶段。

（三）自动监测

随着监测技术的发展和监测范围的扩大，整体监测质量有了提高，但由于受采样手段、采样频率、采样数量、分析速度、数据处理速度等限制，仍不能及时地监视环境质量变化，预测变化趋势，更不能根据监测结果发布采取应急措施的指令。20 世纪 70 年代开始，发达国家相继建立了连续自动监测系统，在地区布设网点或在重点污染源布设监测点，进行在线监测，并使用了遥感、遥测手段，监测仪器用计算机遥控，数据用有线或无线传输的方式送到监测中心控制室，经计算机处理，可自动打印成指定的表格，画成污染态势、浓度分布图。可以在极短时间内观察到空气、水体污染浓度变化，预测、预报未来环境质量。当污染程度接近或超过环境标准时，可发布指令、通告并采取环保措施。这一阶段称为污染防治监测阶段或自动监测阶段。

二、环境污染和环境监测的特点

（一）环境污染的特点

环境污染是各种污染因子本身及其相互作用的结果。同时，环境污染还受社会评价的影响而具有社会性。它的特点可归纳为五点。

1. 时间分布性

污染物的排放量和污染因子的排放强度随时间而变化。例如，工厂排放污染物的种类和浓度往往随时间而变化；河流的潮汛和丰水期、枯水期的交替，都会使污染物浓度随时间而变化。随着气象条件的改变，同一污染物在同一地点的污染浓度可相差数十倍。交通噪声的强度随着不同时间内车辆流量的变化而变化。

2. 空间分布性

污染物和污染因子进入环境后，随着水和空气的流动而被稀释扩散。不同污染物的稳定性和扩散速度与污染物性质有关，因此，不同空间位置上污染物的浓度和强度分布是不同的。为了正确表述一个地区的环境质量，单靠某一点监测结果是不完整的，必须根据污染物的时间、空间分布特点，科学地制订监测方案（包括监测网、点布设，监测项目和采样频率设计等），然后对监测所获得的数据进行统计分析，才能得到较全面而客观的反映。

3. 环境污染与污染物含量（或污染因子强度）的关系

有害物质引起毒害的量与其无害的自然本底值之间存在一定的界限。所以，污染因子对环境的危害有一个阈值。对阈值的研究，是判断环境污染及污染程度的重要依据，也是制定环境标准的科学依据。

4. 污染因子的综合效应

环境是一个由生物（动物、植物、微生物）和非生物所组成的复杂体系，必须考虑各种因素的综合效应。以传统毒理学观点分析，多种污染物同时存在对人或生物体的影响有以下几种情况：①独立作用，即当肌体中某些器官只是由于混合物中某一组分发生危害，没有因污染物的共同作用而加深危害的，称为污染物的独立作用；②相加作用，混合污染物各组分对肌体的同一器官的毒害作用彼此相似，且偏向同一方向，当这种作用等于各污染物毒害作用的总和时，称为污染的相加作用，如大气中二氧化硫和硫酸气溶胶之间、氯和氯化氢之间，当它们在低浓度时，其联合毒害作用即为相加作用，而在高浓度时则不具备相加作用；③协同作用，当混合污染物各组分对肌体的毒害作用超过个别毒害作用的总和时，称为协同作用，如二氧化硫和颗粒物之间、氮氧化物与一氧化碳之间，就存在协同作用；④拮抗作用，当两种或两种以上污染物对肌体的毒害作用彼此抵消一部分或大部分时，称为拮抗作用，如动物试验表明，当食物中有30μg/L甲基汞，同时又存在12. 5μg/L硒时，就可能抑制甲基汞的毒性。

5. 环境污染的社会评价

环境污染的社会评价与社会制度、文明程度、技术经济发展水平、民族风俗习惯、哲学、法律等问题有关。有些具有潜在危险的污染因素，因其表现为慢性危害，往往不会引起人们注意，而某些现实的、直接感受到的因素容易受到社会重视。如一条水质良好的河流，其被污染过程是长期的，在此过程中人们往往不予注意，而因噪声、烟尘等引起的社会纠纷却很普遍。

（二）环境监测的特点

环境监测就其对象、手段、时间和空间的多变性、污染组分的复杂性等，其特点可归纳为综合性、连续性、可追溯性等方面。

1. 环境监测的综合性

环境监测的综合性表现在以下几个方面：

（1）监测手段包括化学、物理、生物、物理化学、生物化学及生物物理等一切可以表征环境质量的方法；

（2）监测对象包括空气、废气、水体（江、河、湖、海及地下水）、废（污）水、土壤、固体废物、生物等客体，只有对这些客体进行综合分析，才能确切地描述环境质量状况；

（3）对监测数据进行统计处理、综合分析时，须涉及该地区的自然和社会各个方面情况，因此，必须综合考虑才能正确阐明数据的内涵。

2．环境监测的连续性

由于环境污染具有时间、空间分布性等特点，因此，只有坚持长期测定，才能从大量的数据中揭示其变化规律，预测其变化趋势，数据样本越多，预测的准确度就越高。因此，监测网络、监测点位的选择一定要科学、合理，而且一旦监测点位的代表性得到确认，必须长期坚持监测，以保证前后数据的可比性。

3．环境监测的可追溯性

环境监测包括监测目的的确定、监测计划的制订、采样、样品运送和保存、实验室测定到数据整理等过程，是一个复杂而又有联系的系统，任何一步的差错都将影响最终数据的质量。特别是区域性的大型监测，由于参加人员众多、实验室和仪器的不同，必然会存在技术和管理水平不同。为使监测结果具有一定的准确性，并使数据具有可比性、代表性和完整性，须有一个量值追溯体系予以监督。为此，需要建立环境监测的质量保证体系。

三、监测技术概述

监测技术包括采样技术、测试技术和数据处理技术。关于采样以及噪声、放射性等方面的监测技术在后面有关章节中叙述，这里以污染物的测试技术为重点做一下概述。

（一）化学、物理技术

对环境样品中污染物的成分分析及其状态与结构的分析，目前，多采用化学分析方法和仪器分析方法。

如重量法常用于残渣、降尘、油类、硫酸盐等的测定。

容量分析被广泛用于水中酸度、碱度、化学需氧量、溶解氧、硫化物及氰化物等的测定。

仪器分析是以物理和物理化学方法为基础的分析方法。它包括光谱分析法（可见分光光度法、紫外分光光度法、红外光谱法、原子吸收光谱法、原子发射光谱法、X 射线荧光分析法、荧光分析法、化学发光分析法等）；色谱分析法（气相色谱法、高效液相色谱法、薄层色谱法、离子色谱法、色谱-质谱联用技术）；电化学分析法（极谱法、溶出伏安法、电导分析法、电位分析法、离子选择电极法、库仑分析法）；放射分析法（同位素稀释法、中子活化分析法）和流动注射分析法等。仪器分析方法被广泛用于环境污染物的定性和定量测定。如分光光度法常用于大部分金属、无机非金属的测定；气相色谱法常用于有机物的测定；对于污染物定性和结构的分析常采用紫外光谱、红外光谱、质谱及核磁共振等技术。

（二）生物技术

利用植物和动物在污染环境中所产生的各种反应信息来判断环境质量的方法，这是一种最直接，也是反映环境综合质量的方法。

生物监测通过测定生物体内污染物含量，观察生物在环境中受伤害所表现的症状、生物的生理生化反应、生物群落结构和种类变化等，来判断环境质量。例如，利用某些对特定污染物敏感的植物或动物（指示生物）在环境中受伤害的症状，可以对空气或水的污染做出定性和定量的判断。

（三）监测技术的发展

监测技术的发展较快，许多新技术在监测过程中已得到应用。在无机污染物的监测方面，电感耦合等离子体原子发射光谱法用于对30多种元素的分析；原子荧光光谱法用于一切对荧光具有吸收能力的物质的分析；离子色谱技术的应用范围也扩大了。在有毒有害有机污染物的分析方面，气相色谱-质谱联用技术（GC-MS）用于VOCs和SVOCs及氯酚类、有机氯农药、有机磷农药、PAHs、二噁英类、PCBs和POPs的分析；高效液相色谱法（HPLC）用于PAHs、苯胺类、邻苯二甲酸酯类、酚类等的分析；离子色谱法（IC）用于AOX、TOX的分析；化学发光分析法分析超痕量物质也已应用到环境监测中。利用遥感技术对一个地区、整条河流的污染分布情况进行监测，是以往监测方法很难完成的。

对于区域甚至全球范围的监测和管理，其监测网络及点位的研究、监测分析方法的标准化、连续自动监测系统、数据传送和处理的计算机化的研究和应用也发展很快。连续自动监测系统（包括在线监测）的质量控制与质量保证工作也逐步完善。

在发展大型、连续自动监测系统的同时，研究小型便携式、简易快速的监测技术也十分重要。例如，在突发污染事故的现场，瞬间造成很大的伤害，但由于空气扩散和水体流动，污染物浓度的变化十分迅速，这时大型固定仪器由于采样、分析时间较长，无法适应现场急需，而便携式和快速测定技术就显得十分重要，在野外也同样如此。

四、环境优先污染物和优先监测

对有毒化学污染物的监测和控制，无疑是环境监测的重点。不论从人力、物力、财力或从化学毒物的危害程度和出现频率的实际情况，某一实验室不可能对每一种化学品都进行监测、实行控制，而只能有重点、有针对性地对部分污染物进行监测和控制。这就必须确定一个筛选原则，对众多有毒污染物进行分级排序，从中筛选出潜在危害性大、在环境中出现频率高的污染物作为监测和控制对象。这一筛选过程就是数学上的优先过程，经过优先选择的污染物称为环境优先污染物，简称为优先污染物（Priority Pollutants）。对优先污染物进行的监测称为优先监测。

早期人们控制污染的对象主要是一些进入环境数量大（或浓度高）、毒性强的物质，如重金属等，其毒性多以急性毒性反映，且数据容易获得。而有机污染物则由于种类多、含量低、分析水平有限，故以综合指标 COD、BOD、TOC 等来反映。但随着生产和科学技术的发展，人们逐渐认识到一批有毒污染物（其中绝大部分是有机物），可在极低的浓度下在生物体内积累，对人体健康和环境造成严重的甚至不可逆的影响。许多痕量有毒有机物对综合指标 BOD、COD、TOC 等贡献甚小，但对环境的危害很大。此时，综合指标已不能反映有机污染状况。这些就是需要优先控制的污染物，它们具有如下特点：难以降解，在环境中有一定残留水平，出现频率较高，具有生物积累性，具有致癌、致畸、致突变（“三致”）性质，毒性较大，以及目前已有检测方法。

第三节 环境标准

标准化和标准的实施是现代社会的重要标志。所谓标准化，按国际标准化组织（ISO）的定义是：“为了所有有关方面的利益，特别是为了促进最佳的全面经济效果，并适当考虑产品使用条件与安全要求，在所有有关方面的协作下，进行有秩序的特定活动，制定并实施各项规则的过程。”而标准则是“经公认的权威机构批准的一项特定标准化工作成果”，它通常以一项文件，并规定一整套必须满足的条件或基本单位来表示。

环境标准是标准中的一类，是为了防止环境污染，维护生态平衡，保护人群健康，对环境保护工作中需要统一的各项技术规范和技术要求所做的规定。环境标准是政策、法规的具体体现，是环境管理的技术基础。

一、中国环境标准体系

中国环境标准分为：国家环境保护标准、地方环境保护标准和国家环境保护行业标准。

（一）国家环境保护标准

国家环境保护标准包括：国家环境质量标准、国家污染物排放标准、国家环境监测方法标准、国家环境标准样品标准和国家环境基础标准等五类。

1. 国家环境质量标准

制定国家环境质量标准目的是为保障人群健康、维护生态环境和保障社会物质财富，并留有一定安全余量，对环境中有害物质和因素所做的限制性规定。它是衡量环境质量的依据、环保政策的目标、环境管理的依据，也是制定污染物控制标准的基础。

2. 国家污染物排放标准

根据国家环境质量标准，以及采用的污染控制技术，并考虑经济承受能力，对排入环境的有害物质和产生污染的各种因素所做的限制性规定，一般也称为污染物控制标准。

3. 国家环境监测方法标准

为监测环境质量和污染物排放，规范采样、样品处理、分析测试、数据处理等所做的统一规定。包括对分析方法、测定方法、采样方法、实验方法、检验方法等所做的统一规定。环境中最常见的是分析方法、测定方法和采样方法。

4. 国家环境标准样品标准

为保证环境监测数据的准确、可靠，对用于量值传递或质量控制的材料、实物样品研制标准样品。标准样品在环境管理中起着甄别的作用：可用来评价分析仪器，鉴别其灵敏度；验证分析方法；评价分析者的技术，使操作技术规范化。

5. 国家环境基础标准

对环境标准工作中，需要统一的技术性术语、符号、代号（代码）、图形、量纲、单位以及信息编码等所做的统一规定，称为国家环境基础标准。

除上述环境标准外，在环境保护工作中，对还需要统一的技术要求也制定了一些标准，包括：执行各项环境管理制度，检测技术，环境区划、规划的技术要求、规范、导则等，例如，环境保护仪器、设备标准等，它是为了保证污染治理设备的效率和环境监测数据的可靠性和可比性，对环境保护仪器、设备的技术要求所做的规定。

（二）地方环境保护标准

中国幅员辽阔，自然条件、环境基本状况、经济基础、产业分布、主要污染因子差异较大，有时一项标准很难覆盖和适应全国。制定地方环境保护标准是对国家环境标准的补充和完善。但应注意，地方标准制定权限为省、自治区、直辖市人民政府所有。地方环境保护标准包括：地方环境质量标准和地方污染物排放标准。环境标准样品标准、环境基础标准等不制定地方标准；地方标准通常增加国家标准中未做规定的污染物项目，或制定“严于”国家排放标准中的污染物浓度限值。所以，国家环境保护标准与地方环境保护标准的关系在执行方面，地方环境保护标准优先于国家环境保护标准。

近年来为控制环境质量的恶化趋势，一些地方已将总量控制指标纳入地方环境标准。

（三）国家环境保护行业标准

污染物排放标准分为综合排放标准和行业排放标准。各类行业的生产特点不同，排放污染物的种类、强度、方式差别很大，例如，冶金行业废水以重金属污染物为主，有机化工厂废水以有机污染物为主。行业排放标准是针对特定行业生产工艺，产污、排污状况和污染控制技术评估、污染控制成本分析，并参考国外排放法规和典型污染源达标案例等综合情况制定的污染排放控制标准；而综合排放标准适用于没有行业排放标准的所有领域。显然，行业排放标准是根据行业的污染情况制定的，它更具有可操作性。根据技术、人力和经济可能性，应该逐步、大幅度增加行业排放标准，逐步缩小综合排放标准的适用面。

随着我国各类标准的不断建立、补充和完善，可能出现地方排放标准、行业排放标准等各类标准内容交叉、重叠等现象，执行的依据是“从严”。

二、标准和技术法规的关系

目前中国环境标准分为强制性环境标准和推荐性环境标准。环境质量标准和污染物排放标准及法律、法规规定必须执行的其他标准为强制性环境标准。强制性环境标准必须严格执行，超标即违法。强制性环境标准以外的环境标准属于推荐性环境标准。国家鼓励采用推荐性环境标准。如果推荐性环境标准被强制性环境标准采用，也必须强制执行。

加入世界贸易组织（WTO）以后，WTO/TBT（贸易技术壁垒协议）关于标准的定义与我国的定义有很大不同。WTO/TBT 的定义如下所述。

标准（Standard）：由公认机构批准，供通用或反复使用，为产品或相关加工和生产方法制定规则、指南或特性的非强制执行文件。标准也可以包括或专门规定用于产品、加工或生产方法的术语、符号、包装、标志或标签要求。

技术法规（Technical Regulation）：强制执行的规定产品特性或其有关加工和生产方

法，包括适用的管理规定的文件。技术法规也可以包括或专门规定用于产品、加工或生产方法的术语、符号、包装、标志或标签要求。

由上述定义可见，标准属于非强制性的，不归属于国家立法体系，只规定有关产品特性，或工艺和生产方法必须遵守的技术要求，但不规定行政管理要求，是各方（生产、销售、消费、使用、研究检测、政府等）利益协商一致的结果。而环境技术法规的目标是：国家安全要求，防止欺诈行为，保护人类健康和安全，保护动物、植物的生命和健康，以及保护环境。

将环境质量标准和污染物排放标准表述为“强制性标准”并纳入标准化管理体系的做法，混淆了依法具有强制效力的技术法规与自愿采用的标准之间的界限，不利于利用非关税贸易壁垒措施在国际贸易和市场管制工作中维护国家权益，不利于防止国外污染环境的产品和技术向国内转移。

第二章　生态环境监测的仪器分析方法

现代仪器分析技术具有灵敏度高、准确度高、分析速度快等特点，已经成为污染物监测的重要手段。现代仪器分析技术在我国环境监测领域的应用，有力地推动了我国环境保护工作的开展。目前，气相色谱、原子吸收光谱、色谱-质谱联用、电感耦合等离子体质谱法等检测技术已经在环境监测领域得到普遍应用，极大地提高了监测数据的准确度和监测机构的监测能力，保证了环境管理工作的顺利推进。

第一节　分子光谱法

一、分子光谱法的基本原理

分子和原子一样，有它的特征分子能级。分子内部的运动可分为价电子运动、分子内原子在平衡位置附近的振动和分子绕其中心的转动，因此分子具有电子（价电子）能级、振动能级和转动能级。双原子分子的电子、振动、转动能级如图 2-1 所示。图中 A 和 B 是电子能级，在同一电子能级 A，分子的能级还因振动能量的不同而分为若干“支级”，称为振动能级，图中 $v'=0$，1，2，…为电子能级 A 的各振动能级，而 $v''=0$，1，2，…为电子能级 B 的各振动能级。分子在同一电子能级和同一振动能级时，它的能量还因转动能量的不同而分为若干“分级”，称为转动能级，图中 $J'=0$，1，2，…为 A 电子能级和 $v'=0$ 振动能级的各转动能级。所以分子的能量£ 等于下列三项之和：

$$E = E_e + E_v + E_r \qquad (2-1)$$

式中，E_e、E_v、E_r 分别为电子能、振动能和转动能。

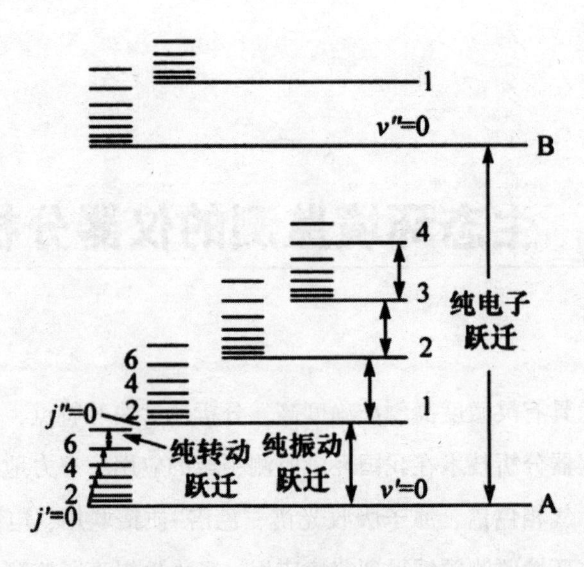

图 2-1　双原子分子的能级跃迁

分子从外界吸收能量后，就能引起分子能级的跃迁，即从基态能级跃迁到激发态能级。分子吸收能量具有量子化的特征，即分子只能吸收等于两个能级之差的能量［式（2-2）］：

$$\Delta E = E_2 - E_1 = hv = \frac{hc}{\lambda} \tag{2-2}$$

由于3种能级跃迁所需能量不同，所以需要不同波长的电磁辐射使它们跃迁，即在不同的光学区出现吸收谱带。

由于电子能级跃迁而产生的吸收光谱主要处于紫外-可见光区（200～780nm）。这种分子光谱称为电子光谱或紫外-可见光谱。

分子的转动能级差一般在0.005～0.05eV。产生此能级的跃迁，须吸收波长为25～250μm的远红外光，由此得到的吸收光谱称为远红外光谱或转动光谱。

分子的振动能级差一般在0.05～1eV，相当于红外光的能量。因此，用红外光照射分子，可引起分子振动能级间的跃迁。由于分子的同一振动能级中还有间隔很小的转动能级，因而在发生振动能级之间跃迁的同时，还伴随着转动能级之间的跃迁，得到的不是对应于振动能级差的一条谱线，而是一组很密集的谱线组成的光谱带，这种光谱又称振动-转动光谱。

（一）紫外-可见分光光度计的工作原理

电子光谱又称为紫外-可见吸收光谱。这种光谱应用于含有不饱和键的化合物，往往需要有两个以上的不饱和键形成共轭体系。这些不饱和键的 π 电子比较活泼。其电子能级递升时所需的光能量在紫外及可见光谱的范围内。而分子中的其他电子受的束缚很大，所需的能量太高，在紫外-可见光区难以实现吸收，对分子内不含共轭 π 电子的有机物，在这个范围内一般都不予吸收。紫外-可见吸收光谱的测定需要对应的分光光度计。

紫外-可见分光光度计的基本结构有光源、单色器、吸收池、检测器和信号处理及显示系统。

1. 光源

光源的作用是提供激发能，供待测分子吸收。要求光源能够提供足够强的连续光谱，有良好的稳定性和较长的使用寿命，且辐射能量随波长无明显变化。由于光源本身的发射特性及各波长的光在分光器内的损失不同，辐射能量随波长变化。通常采用能量补偿措施，使照射到吸收池上的辐射能量在各波长基本保持一致。常用的光源有热辐射光源和气体放电光源。利用固体灯丝材料高温放热产生的辐射为光源的是热辐射光源，如钙灯、卤钨灯，均在可见光区（320～2500nm）使用。卤钨灯的使用寿命长、发光效率高，已代替了钨灯。气体放电光源是指在低压直流电条件下，氢或氘气放电所产生的连续辐射，在紫外光区（180～375nm）使用。在同样的工作条件下，氘灯产生的光谱强度为氢灯的 3～5 倍，且寿命时间更长，因此取代了氢灯。在紫外-可见光区（190～800nm）可工作的有氦灯。

2. 单色器

单色器是能从复合光中分出波长可调的单色光的光学装置，其性能直接影响入射光的单色性，从而影响测定的灵敏度、选择性及准确性等。

单色器通常由入射狭缝、准直透镜、色散元件、物镜和出射狭缝等几个部分组成。核心是起分散作用的色散元件，包括棱镜和光栅两种。光栅在整个波长区具有良好的均匀一致的分辨能力，且成本低，便于保存。入射狭缝用于限制杂散光进入单色器。准直透镜的作用是将入射光束变成平行光束后使其进入色散元件。出射狭缝在决定单色器性能上起着重要作用，狭缝宽度过大时，谱带宽度太大，入射光单色性差；狭缝宽度小时，又会减弱光强。

3. 吸收池

吸收池用于盛放待测溶液，主要有石英池和玻璃池两种，在紫外区必须采用石英池，因玻璃池在紫外区有吸收，干扰分析。吸收池的尺寸（宽度），最常用的是 1cm 宽的吸收池。

4．检测器

检测器是用于检测单色光通过溶液后的透射光的强度，并将这种信号转变为电信号的装置。良好的检测器应有较宽的波长响应范围，响应的线性关系好，对不同波长的辐射具有相同的响应可靠性、噪声低、稳定性好等特点。

外光电效应所释放的电子打在物体上能释放出更多的电子的现象称为二次电子倍增。光电倍增管就是根据二次电子倍增现象制造的。它由一个光阴极、多个打拿极和一个阳极所组成，每一个电极保持比前一个电极高得多的电压（如100V）。当入射光照射到光阴极而释放出电子时，电子在高真空中被电场加速，打到第一打拿极上。一个入射电子的能量给予打拿极中的多个电子，从而每一个入射电子平均使打拿极表面发射几个电子。二次发射的电子又被加速打到第二打拿极上，电子数目再度通过二次发射过程倍增，如此逐级进一步倍增，直到电子聚集到管子阳极为止。通常光电倍增管约有12个打拿极，电子放大系数（或称增益）可达10^8，特别适合于对微弱光强的测量，普遍为光电直读光谱仪所采用。光电倍增管的窗口可分为侧窗式和端窗式两种。

5．信号处理及显示系统

由检测器进行光电转换后，信号经适当放大，用记录仪进行记录或数字显示。目前的信号处理及显示基本为计算机系统，兼具操作控制、吸收信号读取、记录与存储等功能。

（二）紫外–可见分光光度计

1．单光束分光光度计

单光束分光光度计只有一条光路。通过一次放入参比池和样品池，使它们分别进入光电系统进行测定。首先用参比溶液将透光率调为100%，然后对样品溶液进行测定并读数。这种分光光度计结构简单、价格低廉、容易维修，适用于定量分析，但每换一波长，就须调整参比液透光率为100%。

2．双光束分光光度计

双光束分光光度计在单色器与吸收池之间加了一个斩光器。单色器的光被斩光器分为频率和强度相等的两束交替光，一束通过参比溶液，另一束通过样品溶液，然后由检测器交替接受参比信号和样品信号，测得的是透过样品溶液和参比溶液的光信号强度之比。由于有两束光，所以能部分抵消光源波动、杂散光、噪声等影响。双光束仪器克服了单光束仪器由于光源不稳引起的误差，并且可以方便地对全波段进行扫描。

3. 双波长分光光度计

由同一光源发出的光被分成两束，分别经过两个单色器，得到两束不同波长的单色光，它们交替照射同一溶液，然后经过光电倍增管和电子控制系统，这样得到的信号是两波长的吸收光之差 $\Delta A = A_{\lambda_1} - A_{\lambda_2}$。其基本光路图如图 2-2 所示。试液中被测组分的浓度与此吸光度差成正比，是双光度测定的基础。

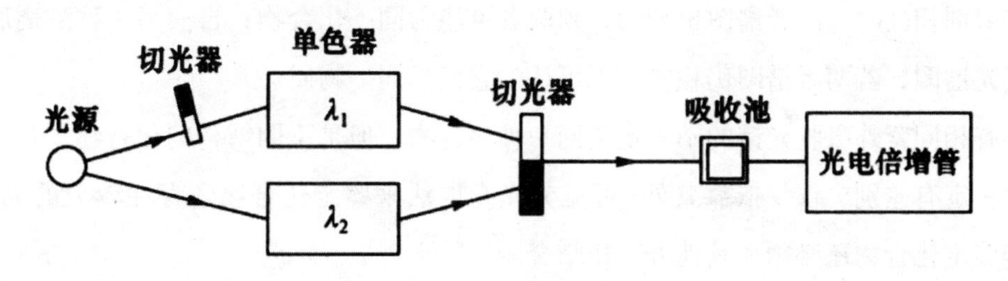

图 2-2　双波长分光光度计示意图

双波长分光光度计不仅能测定高浓度试样、多组分混合试样，而且能测定一般分光光度计不宜测定的浑浊试样。双波长法测定相互干扰的混合试样时，不仅操作比单波长法简单，而且精度高。用双波长法测量时，两个波长的光通过同一吸收池，可以消除因吸收池参数不同、位置不同等带来的误差，能使准确度提高。而且，该方法还可以减少因光源电压变化产生的影响，得到高灵敏度和低噪声的信号。

4. 多通道分光光度计

多通道分光光度计使用了光电二极管阵列做多通道检测器。多通道分光光度计是由计算机控制的单光束紫外-可见分光光度计，具有快速扫描吸收光谱的特点。

5. 光导纤维探头式分光光度计

光导纤维探头式分光光度计中探头由两根相互隔离的光导纤维组成。钨灯发射的光由其中一根光纤传导至试样溶液，再经反射镜反射后由另一根光纤传导，通过干涉滤光片后由光电二极管接收转变为电信号。这类光度计不需要吸收池，直接将探头插入样品溶液中进行原位检测，不受外界光线的影响，常用于环境和过程分析。

（三）紫外-可见分光光度法的应用

紫外-可见分光光度法是对物质进行定性、结构分析、纯度检验和定量分析的一种手段，而且可以测定某些化合物的物理化学参数，如摩尔质量、配合物的配合比和稳定常数及酸碱电离常数等。

1. 定性分析

(1) 化合物定性鉴定

利用紫外-可见分光光度法对化合物进行定性分析的主要依据是化合物的吸收光谱特征，如吸收光谱曲线的形状、吸收峰数及各吸收峰的波长位置和相应的摩尔吸光系数等。定性分析时，通常把相同化学环境与测量条件下测得的试样光谱与标样光谱进行比较，当浓度和溶剂相同时，两者谱图也相同，则两者可能为同一化合物；再换另一种溶剂后分别测绘其光谱图，若两者谱图仍相同，则可认为它们是同一物质。

具有相同紫外吸收光谱的不一定是同一种化合物，但是不同结构的化合物，它们的吸收系数一定有差别。仅仅依靠紫外-可见分光光度法来鉴定化合物还存在较大的局限性，要准确鉴定化合物还必须和其他方法相结合。

(2) 化合物纯度鉴定

如果化合物在紫外区没有吸收峰，而其中的杂质有强吸收时，就可以方便地测定该化合物中的杂质。例如，鉴定乙醇中的杂质苯，可利用乙醇在近紫外无吸收，苯在256nm处有最大吸收，若在256nm处测定，即可鉴定微量苯的存在。

2. 定量分析

紫外-可见分光光度法是进行定量分析最有用的工具之一。定量分析的依据是比尔定律［式(2-3)］，这是光谱法定量分析的基础，也称朗伯-比尔定律，即在一定波长处，被测物质的吸光度与其浓度呈线性关系。因此，可以根据特定波长下物质对光的吸收，计算出该物质的浓度或者含量。

$$A = Kbc \tag{2-3}$$

式中：A 为吸光度；K 为常数；b 为样品厚度；c 为浓度。

(1) 单组分定量分析标准曲线法

具体做法是：配制一系列不同浓度的标准溶液，以不含被测组分的空白溶液为参比，在相同测试条件下，测定标准溶液的吸光度，绘制标准曲线。在相同条件下测定未知试样的吸光度，从标准曲线上就可以找到与之对应的未知试样的浓度。该方法属于常规分析方法，不适用于组分复杂的样品的分析，复杂样品对分析结果要求较高。

(2) 直接比较法

先配制一种已知浓度的标准溶液 $c_{标}$，测其吸光度 $A_{标}$，再在其相同条件下测得样品溶液的吸光度 $A_{样}$，则可求得样品浓度 $c_{标} = A_{样} c_{标} / A_{标?}$。该法是标准曲线法的简化，可不做标准曲线，但要求溶液中的待测物严格符合光的吸收定律，而且样品溶液和标准溶液的吸

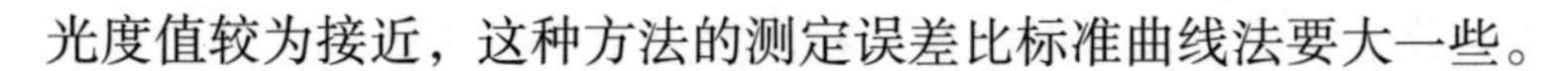

光度值较为接近，这种方法的测定误差比标准曲线法要大一些。

（3）标准加入法

采用标准曲线法必须使未知样与标准样保持一致，但实际中并不是总能做到，采用标准加入法可以弥补这一缺点。方法是把未知样品溶液分成体积相同的若干份，使其中的一份不加入待测组分的标准物质，而其他几份中都分别加入不同量的标准物质。然后测定各试液的吸光度，绘制各测量值标准曲线。由于每份溶液中都含有待测组分，因此，标准曲线不经过原点。

（4）导数分光光度法

导数光谱是解决干扰物质与被测组分光谱重叠、消除胶体等散射影响和背景吸收、提高光谱分辨率的一种数据处理技术。对吸收光谱曲线进行一阶或高阶求导，即可求得各种光谱曲线。

3. 紫外-可见分光光度法在环境监测中的应用

紫外-可见分光光度法就是利用分子对特定范围内的电磁波产生一个吸收作用的方法，电磁波的范围在 200～760nm，这种方法的应用可包括对分析物质的定性、定量和结构分析。它具备操作简单、方便、快捷的特点，并且能够很好地提高准确性，同时其具备很好的重现性。在环境监测中主要应用于如下几方面：

（1）有机污染化合物测定

紫外-可见分光光度法主要是对一些单个指标进行测定。能够对水体中含有的有机污染物的含量进行测量，如石油、苯胺、硝基苯、挥发酚等，这些都可以通过紫外-可见分光光度法进行测定。

（2）水体富营养化物质

在生物生长过程中，所必需的元素为 N、P，但是，如果这种物质在水中超标，就会使水中出现富营养化，导致水质受到污染。因此，对这两种指标进行科学测定已经成为水质检测中的一项重要内容，同时也是必须测定的内容。在水环境中，含有的 N 的表现形式主要是硝酸/亚硝酸盐氮、氨氮、有机氮等物质，这些物质可以通过直接比色，或经过转化后比色测定。水体中所含的 P 形式主要包括可溶性总磷酸盐及正磷酸盐，还包括总磷等，这些物质均可以通过一定的处理后转变为磷酸盐，可以利用紫外-分光光度计进行分析。

（3）水体中重金属元素测定

在自然环境中，重金属污染物主要有 Pb、Hg、Cr 及类金属元素 As 等，这些元素可以在生物体中存在并积累，会导致生物或人体慢性中毒。我国对重金属在水体或生物中的含量制定了相应规定。紫外-可见分光光度法可以对水体与生物中存在的这些重金属物质进行测定。

(4) 大气污染物含量测定

在对大气污染物进行测定时，可以根据大气污染物的实际情况分为气态污染物和气溶胶污染物两种。根据我国空气污染物来判断，对 SO_2 和 NO_2 及可吸入颗粒等无机污染物指标进行测定时，可以通过紫外-可见吸收法进行详细的检测。

(5) 与高灵敏度试剂的联合

利用紫外-可见分光光度法对环境污染进行检测时，可以与高灵敏度试剂相结合，这样可以使紫外-可见分光光度法监测环境污染物的灵敏性大大提高。目前，经常使用的高灵敏度试剂主要有偶氮类、卟啉类、冠状类等化合物，其中偶氮类的化合物含有吡啶环。这样的结构导致这种化合物产生吸电子基团，很容易使其表观摩尔系数远超过 1×10^5，从而可以在对水体中的二价铁离子、铜离子及铅离子等进行测定时，具备非常高的灵敏性。

二、红外光谱分析法

（一）红外光谱分析法的基本原理

1. 红外光谱的产生机理

红外光谱是由分子振动能级的跃迁（同时伴有转动能级跃迁）而产生的，即分子中的原子以平衡位置为中心做周期性振动，其振幅非常小。这种分子的振动通常被想象为由一根弹簧连接的两个小球体系，称为谐振子模型。这就是最简单的双原子分子情况。

实际上双原子分子不是理想的谐振子，成键两原子振动势能曲线与谐振子的势能曲线在高能级产生偏差，而且势能越高，这种偏差越大。两原子间距离较近时，核间存在库仑排斥力（与恢复力同方向），使势能放大。在低能量时，两条曲线大致吻合，可以用谐振子模型来描述实际势能。因此只有当 V 较小时，振动情况才与谐振子振动比较近似。在常温下，分子几乎处于基态，红外吸收光谱主要讨论从基态跃迁到第一激发态所产生的光谱，对应的吸收峰称为基频峰，因此可以用谐振运动规律近似地讨论化学键的振动。

非谐性表现在：真实分子振动能级不仅可以在相邻能级间跃迁，而且可以一次跃迁两个或多个能级。因而，在红外吸收光谱中，除了有基频吸收峰外，还有其他类型的吸收峰。

倍频峰是分子的振动能级从基态跃迁至第二振动激发态、第三振动激发态等高能态时所产生的吸收峰。由于相邻能级差不完全相等，所以倍频峰的频率不能严格地等于基频峰频率的整数倍。倍频峰一般很弱，一般只有第一倍频峰具有实际意义，吸收峰的频率近似等于基频峰的两倍。

在多原子分子中，非谐性使分子的各种振动间相互作用，而形成组合频峰，其频率等于两个或者更多个基频峰的和或差，前者称为合频峰，后者称为差频峰。合频峰指分子吸收一个光子，同时使分子中原子的两种振动类型分别向高能态跃迁，吸收光子的能量值等于对应两种能级间距之和。差频峰指分子吸收一个光子使两种振动类型中有一个向高能态跃迁，另一个向低能态跃迁，对应的两种能级间距的差值等于吸收光子的能量值。

2. 多原子分子的振动形式及光谱

双原子分子的振动是简单的，多原子分子的振动比双原子分子振动复杂得多。双原子分子振动只能发生在连接两个原子的直线方向上，并且只有一种振动形式，即两原子的相对伸缩振动。而多原子分子由于组成原子数目增多，组成分子的键、基团和空间结构不同，其振动光谱比双原子分子要复杂得多。一般将振动形式分为两种：伸缩振动和变形振动。

（1）伸缩振动

原子沿键轴方向伸缩，键长发生变化而键角不变的振动称为伸缩振动，用符号 μ 表示。它又分为对称伸缩振动和不对称伸缩振动，对同一基团来说，对称伸缩振动的频率高于不对称伸缩振动，这是因为不对称伸缩振动所需的能量比对称伸缩振动所需的能量高。

（2）变形振动

又称弯曲振动，基团键角发生周期性变化而键长不变的振动称为变形振动。它可分为面内弯曲振动、面外弯曲振动、对称变形振动和不对称变形振动。

①面内弯曲振动

弯曲振动发生在由几个原子构成的平面内，称为面内弯曲振动，它可分为两种：振动中键角的变化类似剪刀开闭的剪式振动；基团作为一个整体在平面内摇动的面内摇摆。

②面外弯曲振动

弯曲振动垂直于几个原子构成的平面，称为面外弯曲振动。它可分为两种：两个 X 原子同时向面下或面上的面外摇摆振动；一个 X 原子在面上，另一个 X 原子在面下的卷曲振动。

③对称变形振动和不对称变形振动

AX_3 基团分子的变形振动有对称和不对称之分，故可分为：3 个 AX 键与轴线的夹角同时变大的对称变形振动；三个 AX 键与轴线的夹角不同时变大或减小的不对称的变形振动。

3. 振动自由度

多原子分子中原子之间的振动状态相当复杂，但它们都可以分解为若干简单的基本振动。基本振动又称简正振动，分子的实际振动是各种简正振动的叠加。

理论上，有机分子有多种简正振动方式，每种简正振动都有一定能量，可以在特定的频率发生吸收，每种简正振动对应一种基频峰，因此其红外光谱中基频峰数应等于简正振动数，即应有 $3N-6$ 或 $3N-5$ 个基频吸收峰，也就是说，每一个振动自由度（基本振动）在红外吸收光谱中出现一个吸收峰，分子振动自由度数目越多，则在红外吸收光谱中出现的峰数也就越多。但是，实际峰数一般少于基本振动数，其原因如下：

（1）对称性分子在振动过程中不发生瞬间偶极矩的变化，不引起红外吸收，例如，CO_2 分子中的对称伸缩振动为 $1388cm^{-1}$，但振动没有偶极矩的变化，是非红外活性的，因此 CO_2 的红外光谱中没有波数为 $1388cm^{-1}$ 的吸收峰；

（2）不同振动形式振动频率相等产生简并，如 CO_2 分子的面内变形振动和面外变形振动；

（3）振动能级对应的吸收波长不在中红外区；

（4）仪器分辨率不高，对一些频率很接近的吸收峰分不开，一些较弱的峰可能由于仪器灵敏度差而检测不出。

当然，也有峰数多于简正振动的情况：在中红外吸收光谱中，除了基团由基态向第一振动能级跃迁所产生的基频峰外，还有倍频峰、合频峰、差频峰等，谱带一般较弱，多数出现在近红外区，但它的存在使光谱变得复杂，增加了光谱对分子结构特征性的表征。

（二）红外光谱仪

1. 红外光谱仪的组成

红外光谱仪主要由光源、分光系统、样品池与检测器 4 部分组成。

（1）光源

红外光源能够发射高强度连续红外光。高温黑体最符合这个条件，但是并不实际。通常用的有能斯特灯和硅碳棒。各种光源见表 2-1。

表 2-1 红外光谱仪常用光源

名称	测量波数范围/cm^{-1}	备注
能斯特灯	5000～400	ZrO_2、ThO_2
碘钨灯	10000～5000	—
硅碳棒	5000～400	需用水冷却
炽热镍铬丝圈	5000～200	—

（2）分光系统

红外光谱仪的分光系统包括入射狭缝到出射狭缝这一部分。它主要由反射镜、狭缝和色散元件构成，即一个或几个色散元件（棱镜或光栅，目前多采用反射型平面衍射光栅），宽度可变的入射和出射狭缝，以及用于聚焦和反射光束的反射镜。这是红外光谱仪的关键部分，其作用是将通过样品池和参比池后的复式光分解成单色光。分光系统也称单色器。为了避免产生色差，红外仪器中一般不采用透镜。由于玻璃、石英可吸收几乎全部红外线，应根据不同的工作波长区域选用不同的透光材料来制作棱镜及吸收池窗口、检测器窗口等。

（3）样品池

红外样品池一般可分为气体样品吸收池和液体样品吸收池，其重要的部分是红外透光窗片，通常用 NaCl 晶体（非水溶液）或 CaF_2（水溶液）等红外透光材料制作窗片。

对于固体样品，若能制成溶液，可装入液体吸收池内测定，也可将样品分散在 KBr 晶体中并加压制成透光薄片后测定。对于热熔性的高聚物样品，也可制成薄膜供分析测定。

（4）检测器

红外光谱区的光子能量较弱，不足以引起光电子发射，因此电信号输出很小，不能用光电管和光电倍增管作为检测器。常用的红外检测器有真空热电偶、热释电检测器和汞镉磷检测器。

检测器应具备以下几个条件：具有灵敏的红外光接收面，热容量低，响应快，因电子的热波动产生的噪声小，对红外光的吸收没有选择。

2. 红外光谱仪的种类

目前主要有两类红外光谱仪，它们是色散型红外光谱仪和傅里叶变换红外光谱仪。下面依次介绍这两种红外光谱仪。

（1）色散型红外光谱仪

从光源发出的红外辐射分成两束，一束通过样品池，另一束通过参比池，然后进入单色器。在单色器内先通过以一定频率转动的扇形镜（斩光器），其作用与其他的双光束光度计一样，周期性地切割两束光，使试样光束和参比光束交替进入单色器中的色散棱镜或光栅，最后进入检测器。随着扇形镜的转动，检测器就交替地接收这两束光。假定从单色器发出的某波数的单色光，而该单色光不被试样吸收，此时两束光的强度相等，检测器不产生交流信号；改变波数，若试样对该波束的光产生吸收，则两束光的强度有差异，此时就在检测器上产生一定频率的交流信号（其频率取决于斩光器的转动功率）。通过交流放大器放大，此信号即可通过伺服系统驱动参比光路上的光楔（光学衰减器）进行补偿，此时减弱参比光路的光强，使投射在检测器上的光强等于试样光路的光强。试样对某一波数的红外光吸收越多，光楔也就越多地遮住参比光路以使参比光强同样程度地减弱，使两束光重新达到平衡。试样对各种不同波数的红外辐射的吸收有多少，参比光路上的光楔也相应地按比例移动以进行补偿。记录笔与光楔同步，因而光楔部位的改变相当于试样的透光率，它作为纵坐标直接被描绘在记录纸上。

红外光谱仪与紫外-可见分光光度计类似，也是由光源、单色器、吸收池、检测器和记录系统等部分组成。但由于红外光谱仪与紫外-可见分光光度计工作的波段范围不同，因此光源、透光材料及检测器等都有很大的差异。

（2）傅里叶变换红外光谱仪

前述以棱镜或光栅作为色散元件的红外光谱仪器，由于采用了狭缝，使这类色散型仪器的能量受到严格限制，扫描时间长，且灵敏度、分辨率和准确度都较低。随着计算方法和计算技术的发展，20 世纪 70 年代出现新一代的红外光谱测量技术及仪——傅里叶变换红外光谱仪（Fourier Transform Infrared Spectrometer，FT-IR）。它没有色散元件，主要由光源、迈克尔逊干涉仪（Michelson Interferometer）、检测器和计算机等组成。

FT-IR 与前述的色散型仪器的工作原理有很大不同，其工作原理为光源发出的红外辐射，经干涉仪转变成干涉图，通过试样后得到含试样信息的干涉图，由计算机采集，并通过快速傅里叶变换，得到吸收强度或透光度随频率或波数变化的红外光谱图。

三、荧光光谱分析法

（一）分子荧光分析的基本原理

荧光属于光致发光，任何发荧光的分子都具有两个特征光谱，即激发光谱和发射光谱，它们是采用荧光分子进行定量分析和定性分析的基本参数和依据。

1. 激发光谱

通过测量荧光体的发光通量（即强度）随激发光波长的变化而获得的光谱，称为激发光谱。激发光谱是因其荧光的激发辐射在不同波长的相对效率而产生的。激发光谱的具体测定方法是：把荧光样品放入光路中，选择合适的发射波长和狭缝宽度，使之固定不变，通过激发单色器扫描，使不同波长的入射光照射激发荧光体，发出的荧光通过特定波长发射单色器照射到检测器，检测其荧光强度，最后通过记录仪记录光强度对激发光波长的关系曲线，即为激发光谱。激发光谱的形状与测量时选择的发生波长无关，但其相对强度与所选择的发射波长有关。发射波长固定在峰位时，所得的激发光强度最大。通过激发光谱选择激发波长，发射荧光强度最大的激发波长常用 λ_{EM} 表示。

2. 发射光谱

与激发光谱密切相关的是荧光发射光谱，它是由于分子吸收辐射后再发射的结果。通过测量荧光体的发光通量（强度）随发射光波长的变化而获得的光谱，称为荧光光谱。具体测定方法是，把荧光样品放入光路中，选择合适的激发波长和狭缝，使之固定不变，扫描发射光的波长，记录发射光强度对发射光波长的关系曲线，即为发射光谱。通过发射光谱选择最佳的发射波长，发射荧光强度最大的发射波长常用 λ_{Em} 表示。

3. 定性分析

分子对光的吸收具有选择性，因此不同波长的入射光具有不同的激发效率。通过固定荧光的发射波长（即测定波长），扫描激发单色器，不断改变激发光的波长，使不同波长的光激发荧光物质，并记录相应的荧光强度，得到固定荧光波长上的荧光强度随激发波长的关系曲线称为荧光的激发光谱。它既反映了不同波长激发光引起物质发射某一波长荧光的相对效率，可供鉴别荧光物质，又能反映样品对激发光的吸收特性，与物质的吸收光谱有密切关系，仪器经过校正所获得的样品真实荧光激发光谱与其吸收光谱在形状上呈镜像相似关系。

如果使激发光的强度和波长固定不变（通常固定在最大激发波长处），测定不同发射波长下荧光强度的变化而获得的光谱为发射光谱，也称为荧光光谱。它表示荧光物质所发射的荧光在各种波长下的相对强度，可供鉴别荧光物质，并作为荧光测定时选择适当的测定波长或滤光片的根据。发射光谱反映样品的一定结构特性，往往有些样品吸收结构相似，而发射结构不同，定性分析样品的荧光发射光谱较单靠吸收光谱增加了判别样品的信息量，这就是荧光分析特异性好的原因。

4．定量分析

荧光物质单组分定量分析通常采用直接比较法和标准曲线法。

在进行混合物多组分定量分析时，当混合物中各组分的荧光峰相距很远，彼此干扰很小时，可分别在不同发射波长下测定各组分的荧光强度。倘若混合物中各组分的荧光峰相近，彼此严重重叠，但它们的激发光谱却有显著的差别，这时可选择不同的激发波长进行校正。

在选择激发波长和发射波长之后仍无法实现混合物中各组分的分别测定时，可仿照分光光度法中联合测定并解联立方程式的方法。也可采用同步荧光光谱分析法、三维荧光光谱分析法及化学计量学的方法，来达到分别测定或同时测定的目的。

（二）荧光分光光度计

常用的荧光光谱仪即荧光分光光度计，主要由光源、样品池、单色器、检测器和记录显示装置等 5 个部分组成。

1．光源

为了便于选择激发光的波长，要求激发光源是能够在很宽的波长范围内发光的连续光源。激光器，特别是可调谐染料激光器，是发光分析的理想光源。染料激光器的应用波长范围为 330 ~ 1020nm，即从近紫外到近红外范围。

2．样品池

荧光光谱仪的样品池材料要求无荧光发射，通常用熔融石英，样品池的四壁均光洁透明。对于固体样品，通常将样品固定于样品夹的表面。

3．单色器

单色器一般为光栅和干涉滤光片，需要有两个，一个用于选择激光发射波长，另一个用于分离选择荧光发射波长。

4．检测器

荧光的强度通常比较弱，因此要求检测器要有较高的灵敏度。一般为光电管或光电倍增管、二极管阵列检测器，电荷耦合器件及光子计数器等高功能检测器也已得到应用。

第二节　原子光谱法

一、原子吸收光谱法的基本原理

（一）原子吸收光谱理论基础

1．原子吸收光谱的产生

处于基态原子核外层电子，如果外界所提供特定能量（E）的光辐射恰好等于核外层电子基态与某一激发态（i）之间的能量差（ΔE_i）时，核外层电子将吸收特征能量的光辐射由基态跃迁到相应激发态，从而产生原子吸收光谱。

由于基态与第一激发态之间能量差最小，跃迁概率最大，故第一共振吸收线的吸光度最大及第一共振发射线的发射强度最强。对于多数元素的原子吸收光谱法分析，首先选用共振吸收线作为吸收谱线，只有共振吸收线受到光谱干扰时才选用其他吸收谱线。

2．原子吸收谱线的轮廓

（1）谱线的轮廓

原子吸收和发射谱线并非严格的几何线，其谱线强度随频率（v）分布急剧变化，通常以吸收系数（K_v）为纵坐标和频率（v）为横坐标的 K_v-v 曲线描述，如图 2-3 原子吸收光谱轮廓示意图所示。图中，v 为入射光的频率，当一束频率不同、强度为 I_0 的平行光通过厚度为 L 的原子蒸气时，一部分光会被吸收。由于原子内部不存在振动和转动，所发生的仅仅是单一的电子能级跃迁，因而原子吸收理论上产生的是线状光谱。由于受到多种因素的影响，通常谱线会变宽，并存在吸收最强点曲线中 K_v 的极大值处称为峰值吸收系数（K_0），与其相对应的称为中心频率（v_0），K_v-v 曲线又称为吸收谱线轮廓，吸收谱线轮廓的宽度以半宽度（Δv）表示。K_v-v 曲线反映出原子核外层电子对不同频率的光辐射具有选择性吸收特性。

图 2-3（a）为原子吸收谱线轮廓示意图。设透过光强度最小处光的频率为 v_0，此时原子蒸气对频率为 v_0 的光吸收最大，v_0 又称为吸收线的中心频率或中心波长。

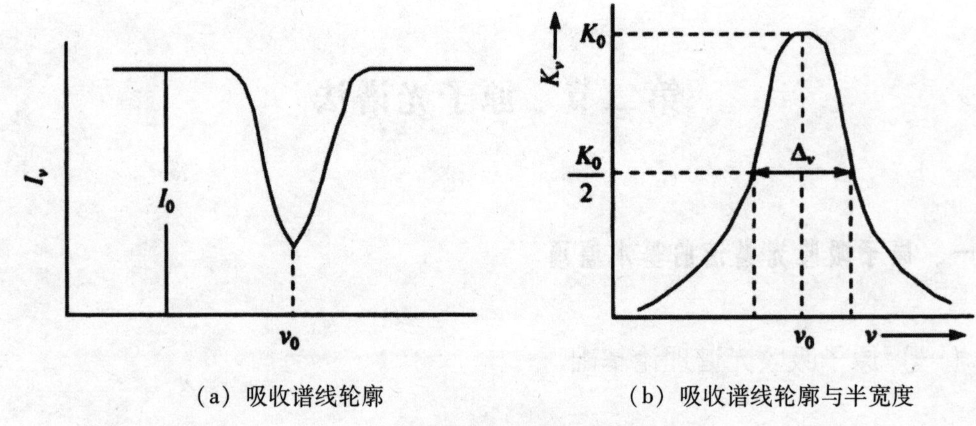

（a）吸收谱线轮廓　　（b）吸收谱线轮廓与半宽度

图 2-3　原子吸收谱线轮廓与半宽度

（2）谱线的变宽因素

原子吸收谱线变宽的原因：一方面是由激发态原子核外层电子的性质决定，如自然宽度；另一方面是由于外界因素影响，如多普勒（Doppler）变宽、碰撞变宽、场致变宽和自吸变宽等。

（二）定量基础

通过原子吸收定量测定原子的浓度，首先必须准确测定原子吸收的能量。在吸收谱线轮廓内，按吸收定律求得各相应的吸收系数，就可绘制出相应的积分吸收曲线，将这条曲线进行积分即 $\int K_v \mathrm{d}_v$，就可得到谱线轮廓内的总面积。

1. 积分吸收

对图 2-3（b）的 $K_v - v$ 曲线进行积分后得到的总吸收称为面积吸收系数或积分吸收，它表示吸收的全部能量。理论上积分吸收与吸收光辐射的基态原子数成正比。积分公式为

$$\int_0^\infty K\mathrm{d}v = \frac{\pi(-e)^2}{mc} f N_0 \qquad (2-4)$$

式中：$-e$ 为电子电荷；m 为电子质量；c 为光速；f 为振子强度；N_0 为单位体积原子蒸气中基态原子数。

2. 积分吸收的限制

要对半宽度约为 10^{-3} nm 的吸收谱线进行积分，需要极高分辨率的光学系统和极高灵敏度的检测器，目前还难以做到。

（三）仪器结构与功能

原子吸收光谱仪又称原子吸收分光光度计，由光源、原子化器、单色器、检测器和数

据处理器组成。光源发射待测元素的特征锐线光谱，同时样品中的待测元素通过原子化系统转化为基态原子；基态原子吸收特征共振谱线；吸收后减弱的混合光由单色器分离出待测元素的共振谱线；然后由检测器将光信号转换为电信号并放大；最后由数据处理器显示出所需数据。

1. 光源

光源的作用是发射被测元素的特征共振辐射。原子吸收光谱分析的误差主要是光源，因此选择光源时应尽量满足以下要求：发射共振辐射的半宽度应明显小于吸收线的半宽度（即锐线光源）；辐射强度大、辐射光强稳定；随样品浓度微小变化检出信号有较大变化；低检出限，能对微量和痕量成分进行检测；谱线强度与背景强度之比大（信噪比大）；结构简单、容易操作、安全、使用寿命长；自吸收效应小，校准曲线的线性范围宽。目前符合上述要求的理想光源有空心阴极灯、高强度空心阴极灯、无极放电灯、蒸气放电灯等，其中空心阴极灯应用最广。

2. 原子化器

原子化器的功能是使待测元素从样品中不同形态转化成基态原子，通常整个原子化的过程包括试样干燥、蒸发和原子化等几个过程，此过程需要提供能量。同时，入射光束在这里被基态原子吸收，因此也可把它视为“吸收池”。为了确保检测精准性，原子化器必须具有足够高的原子化效率、良好的稳定性和重现性、操作简单及干扰低等特点。常用的原子化器有火焰原子化器和非火焰原子化器，其中火焰原子化器是目前广泛应用的一种方式。

（1）火焰原子化器

火焰原子化器由雾化器（又称喷雾器）、雾化室和燃烧器 3 部分组成。整个原子化过程包括：样品，一般指澄清的液体样品，经喷雾器形成雾粒；这些雾粒在雾化室中与气体，包括燃烧气与助燃气均匀混合；除去大液滴后，再进入燃烧器形成火焰；样品在火焰中产生原子蒸气。

（2）非火焰原子化器

非火焰原子化器常用的是高温石墨炉原子化器。石墨炉原子化的过程包括将样品注入石墨管中间位置，用大电流（400 ~ 600A）通过高阻值的石墨管产生 2000 ~ 3000℃ 的高温使样品干燥、蒸发和原子化。

（3）低温原子化技术

低温原子化法的原子化温度为室温至数百摄氏度，原子化过程借助化学反应完成，故而又称化学原子化法，主要包括汞低温原子化法和氢化法。汞的沸点为 357℃，在室温下就有一定的蒸气压，只要对样品进行化学预处理（通常用 $SnCl_2$ 或 $NaBH_4$ 作为还原剂）还原出汞原子蒸气，由载气（Ar 或 N_2）将汞蒸气送入吸收池内测定。该方法又称冷原子吸收法。

3. 单色器

原子吸收光谱仪光学系统中最重要的部件就是分光系统，即单色器。单色器由入射和出射狭缝、反射镜和色散元件组成。色散元件一般为光栅。单色器的作用是将被测元素的共振吸收线与邻近谱线分开。

4. 检测器

原子吸收光谱仪中检测器通常使用光电倍增管。光电倍增管的工作电源应有较高的稳定性。如果工作电压过高、照射的光过强或光照时间过长，都会引起仪器的疲劳效应。

二、电感耦合等离子体分析法

（一）概述

电感耦合等离子体（ICP）的发展起源于原子发射光谱，原子发射光谱法（Atomic Emission Spectroscopy，AES）是利用物质在热激发或电激发下，每种元素的原子或离子发射特征光谱来判断物质的组成，而进行元素的定性与定量分析。原子发射光谱法可对约 70 种元素（金属元素及 P、Si、As、C、B 等非金属元素）进行分析。在一般情况下，用于 1% 以下含量的组分测定，检出限可达 ppm（$1ppm=10^{-6}$），精密度为±10%，线性范围约 2 个数量级。

原子发射光谱法是根据处于激发态的待测元素原子回到基态时，发射的特征谱线对待测元素进行分析的方法。在正常状态下，原子处于基态，原子在受到热（火焰）或电（电火花）激发时，由基态跃迁到激发态，返回基态时，发射出特征光谱（线状光谱）。原子发射光谱法包括 3 个主要的过程：①由光源提供能量使样品蒸发，形成气态原子，并进一步使气态原子激发而产生光辐射；②将光源发出的复合光经单色器分解成按波长顺序排列的谱线，形成光谱；③用检测器检测光谱中谱线的波长和强度。

由于待测元素原子的能级结构不同，因此发射谱线的特征不同，据此可对样品进行定性分析；而根据待测元素原子的浓度不同，因此发射强度不同，可实现元素的定量测定。

（二）ICP 的基本原理与分析性能

1. 基本原理

元素在受到 ICP 光源激发时，由基态跃迁到激发态，返回基态时，发射出特征光谱，依据特征光谱进行定性、定量的分析方法。

ICP-AES 的 3 个主要过程：首先，ICP 光源使得样品蒸发、原子化、原子激发并产生光辐射；其次，通过分光系统进行分光，形成按波长顺序排列的光谱；最后，通过检测器检测光谱中谱线的波长和强度。

ICP 光源是指高频电磁通过电能（感应线圈）耦合到等离子体所得到的外观上类似火焰的高频放电光源。而等离子体是一种电离度大于 0.1% 的电离气体，由电子、离子、原子和分子组成，整体呈现电中性。

2. 分析性能

（1）蒸发、原子化和激发能力强

ICP-AES 在轴向通道气体温度高达 7000～8000K，具有较高的电子密度和激发态氩原子密度，同时在等离子体中样品的停留时间较长，这两者的结合结果使得即使难熔难挥发样品粒子，也可进行充分的挥发和原子化，并能得到有效的激发。

（2）元素的检出限低

在光谱分析中，检出限表征了能以适当的置信水平检测出某元素所必需的最小浓度。ICP-AES 有较低的检出限，大多数元素的检出限为 0.1～100μg/L，碱土元素的检出限均小于 10^{-9} 数量级。

（3）分析准确度和精密度高

准确度是对各种干扰效应所引起的系统误差的度量，ICP-AES 是各种分析方法中干扰较小较轻的一种，准确度较高，相对误差一般在 10% 以下。精密度主要反映随机误差影响的大小，通常用相对标准偏差表示。在一般情况下，相对标准偏差≤10%，当分析物浓度≥100 倍检出限时，相对标准偏差≤1%。

（4）线性分析范围宽

ICP-AES 的线性分析范围一般可达 5～6 个数量级，因而可以用一条标准曲线分析某一元素从痕量到较高浓度的环境样品，从而使分析操作十分方便。

（5）干扰效应小

在 Ar-ICP 光源中，分析物在高温和氩气（Ar）气氛中进行原子化、激发，基体干扰小。在一定条件下，可以减少参比样品须严格匹配的麻烦，一般可不用内标法。甚至配制一系列混合标准溶液，可以分析不同基体合金的元素。Ar-ICP 光源电离干扰小，即使分析样品中存在容易电离的元素，参比样品也不用匹配含有该元素的成分。

（6）同时或顺序测定多元素能力强

同时分析多元素能力是发射光谱法的共同特点，非 ICP-AES 所特有。但是经典法因样品组成影响较严重，欲对样品中多种成分进行同时测量，参比样品的匹配和参比元素的选择都会遇到困难；同时由于分馏效应和预燃效应，造成谱线强度-时间分布曲线的变化，无法进行顺序多元素分析。而 ICP-AES 具有低干扰和时间分布的高度稳定性及宽的线性分析范围，因而可以方便地同时或顺序进行多元素测定。

总体而言，ICP-AES 的优点：①可多元素同时检测；②分析速度快；③选择性高；④检出限较低；⑤准确度较高；⑥性能优越。缺点：非金属元素不能检测或灵敏度低。

（三）ICP-AES 的仪器装置

ICP-AES 的仪器是由高频发生器、等离子体炬管、试样雾化器和光谱系统构成。

1. ICP 的结构

它是由高频发生器和高频感应线圈、等离子体炬管和供气系统、雾化器及试样引入系统 3 部分组成。

（1）晶体控制高频发生器

高频发生器的作用是产生高频磁场以供给等离子体能量，频率大多为 27～50mHz，最大输出功率通常是 2～4kW。感应线圈一般是以圆形或方形铜管绕成的 2～5 匝水冷线圈。

石英晶体作为振源，经电压和功率放大，产生具有一定频率和功率的高频信号，用来产生和维持等离子体放电。石英晶体固有振荡频率为 6.78mHz，一次倍频后为 13.56mHz，二次倍频后为 27.12mHz，经电压和功率放大后，功率为 1～2kW。

（2）ICP 的形成

当高频发生器接通电源后，高频电流通过感应线圈，并在炬管的轴线方向产生一个高频磁场，管外的磁场方向为椭圆形，产生交变磁场。管内因为 Ar 会有少量电离而产生电离粒子，在高频交流电场的作用下，带电粒子高速运动、碰撞，形成放电，产生等离子体气流，当这些电离粒子多至足以使气体有足够的导电率时，在垂直于磁场方向的截面上产生环形涡电流，并在管口形成一个火炬状的稳定的等离子炬。

（3）ICP 的温度分布

ICP 光源外观像火焰，但它不是化学燃烧火焰而是气体放电。它分为焰心区、内焰区和尾焰区 3 个区域。焰心区温度最高达 10000K，试样气溶胶在此区域被预热和蒸发。内焰区温度为 6000 ~ 8000K，试样在此被原子化和激发发射光谱。尾焰区温度低于 6000K，只能发射激发电位较低的谱线。样品气溶胶在高温焰心区经历了较长时间（约 2ms）的加热，在内焰区的平均停留时间约为 1ms，比在电弧、电火花光源中平均停留时间（10^{-2} ~ 10^{-3}ms）长得多。

（4）ICP 光源的特点

①激发温度高，有利于难熔化合物的分解和难激发元素的激发，因此对大多数元素有很高的灵敏度。

②高频感应电流可形成环流，进而形成一个环形加热区，其中心是一个温度较低的中心通道。样品集中在中心通道，外围没有低温的吸收层，因此自吸和自蚀效应小，分析校正曲线的线性范围大，可达 4 ~ 6 个数量级。

③由于电子密度很高，测定碱金属时电离干扰很小。

④ICP 是无极放电，没有电极污染。

⑤ICP 的载气流速很低（通常 0.5 ~ 2L/min），有利于试样在中心通道中充分激发，而且耗样量也小。

⑥ICP 以 Ar 为工作气体，由此产生的光谱背景干扰较少。

以上这些特点，使得 ICP 具有灵敏度高，检出限低（10^{-9} ~ 10^{-11}g/L），精密度好（相对标准偏差一般为 0.5% ~ 2%），工作曲线线性范围宽。此光源可用于测定元素周期表中绝大多数元素（70 多种），并可对高含量（百分之几十）的元素进行测定。

2. 分光系统

根据光的折射现象进行分光，即波长不同的光折射率不同，经色散系统（棱镜、光栅）色散后按波长顺序被分开。

3. 检测系统

光电转换器件是光电光谱仪接收系统的核心部分，主要是利用光电效应将不同波长的辐射能转换成光电流的信号。

光电转换器件种类很多，但在光电光谱仪中的光电转换器件要求在紫外至可见光谱区域（160 ~ 800nm）很宽的波长范围内有很高的灵敏度和信噪比、宽的线性响应范围、短的响应时间。

（四）多道直读光谱仪

从光源发出的光经透镜聚焦后，在入射狭缝上成像并进入狭缝。进入狭缝的光投射到凹面光栅上，凹面光栅将光色散，聚焦在焦面上，焦面上安装有一组出射狭缝，每一条狭缝允许一条特定波长的光通过，投射到狭缝后的光电倍增管上进行检测，最后经计算机进行数据处理。

多道直读光谱仪的优点是分析速度快、准确度优于摄谱法；光电倍增管信号放大能力强，可同时分析含量差别较大的不同元素；适用于较宽的波长范围。但由于仪器结构限制，多道直读光谱仪的出射狭缝间存在一定距离，使利用波长相近的谱线有困难。

多道直读光谱仪适合固定元素的快速定性、半定量和定量分析，如目前在钢铁冶炼中常用于炉前快速监控 C、S、P 等元素。

三、原子荧光光谱法

（一）理论基础

原子吸收能量（电能、光能、热能或化学能等）会被激发跃迁至高能级的激发态，部分元素在返回基态时会将多余的能量以光子的形式向外辐射，这种现象称为“发光”。当激发能量为光能时，这种发光现象就称为荧光或磷光。其中，荧光发射是由激发单重态最低振动能层跃迁到基态的各振动能层的光辐射，去激发过程较短；而磷光发射是由三重态的最低振动能层跃迁到基态的各振动能层的光辐射，发生磷光所需时间较长。

（二）定量基础

原子荧光光谱法定性、定量的依据是荧光的最大激发波长和所发射的最强荧光波长，即共振荧光。共振荧光的荧光强度 I_f 正比于基态原子对某一频率激发光的吸收强度 I_a，即

$$I_f = \varphi I_a \qquad (2-5)$$

式中，φ 为荧光量子效率，表示发射荧光光子数与吸收激发光量子数之比。

若激发光源是稳定的，入射光是平行而均匀的光束，自吸收可忽略不计，则基态原子对光吸收强度 I_a 用吸收定律表示：

$$I_a = \varphi A I_0 (1 - e^{-\varepsilon LN}) \qquad (2-6)$$

式中：I_0 为原子化器内单位面积上接受的光源强度；A 为受光源照射在检测器系统中观

察到的有效面积；L 为吸收光程长；ε 为峰值吸收系数；N 为单位体积内的基态原子数。式（2-6）经 $e^{-\varepsilon LN}$ 级数展开项中高幂次方项后，可得：

$$XI_f = \varphi AI_0(-\varepsilon LN) \quad (2-7)$$

当仪器与操作条件一定时，除 N 外，其他均为常数，N 与试样中被测元素的浓度 c 成正比，则有如下式关系：

$$I_f = Kc \quad (2-8)$$

式（2-8）为原子荧光定量分析的基础。

（三）仪器结构与功能

原子荧光光度计分为非色散型和色散型，这两类仪器在结构上除单色器外基本相似。原子荧光光度计与原子吸收分光光度计在很多组件上也很接近，如原子化器（火焰和石墨炉原子化器），用切光器及交流放大器来消除原子化器中直流发射信号的干扰，检测器为光电倍增管等。

1. 光源

原子荧光光度计的光源可使用高强度空心阴极灯、无极放电灯、激光和等离子体等。目前以高强度空心阴极灯、无极放电灯两种最为常用。高强度空心阴极灯是在普通空心阴极灯中加上一对辅助电极。辅助电极的作用是产生第二次放电，从而大大提高金属元素的共振线强度，但对其他谱线的强度增加不大；无极放电灯比高强度空心阴极灯的亮度高、自吸小、寿命长，特别适用于分析短波区内有共振线的易挥发元素。

2. 光路

在原子荧光光度计中，为了检测荧光信号，避免待测元素本身发射的谱线，要求光源、原子化器和检测器三者处于直角状态。而原子吸收分光光度计中，这三者处于一条直线上。尽管如此，仍可能有一些干扰光进入光路系统，这样再加一个分光装置就可以完全去除其他干扰，这也就是色散型光路的优势。

（四）原子荧光光谱法的应用

原子荧光光谱法（AFS）在环境样品分析中的应用主要是和氢化物发生法联用，即氢化物发生源子荧光光谱（HG-AFS）法测定样品中的 As、Se、Hg 等微量元素。

HG-AFS 法的基本原理是：在酸性介质（通常使用 HCl）中，样品中的待测元素分别被还原剂 KBH_4 或 $NaBH_4$（溶液碱度控制在 0.5% ~1.0% 以维持溶液稳定性）还原为挥发性产物（多为共价氢化物），如 As 被还原为 AsH_3、Sb 被还原为 SbH_3、Bi 被还原为 BiH_3、Pb 被还原为 PbH_4、Hg 被还原为原子态 Hg，这些还原产物在载气的带动下进入原子化器。在特制脉冲空心阴极灯的发射光激发下，基态原子被激发后去活化回到基态时，以光辐射的形式发射出特征波长的荧光，荧光的强度与被测元素含量成正比。与单纯的 AFS 法相比，HG-AFS 法最大的优点就是痕量元素的定量分析。其根本原因就是氢化物发生法能够将待测元素充分预富集，原子化效率高，几乎接近 100%。而分析元素形成气态氢化物还可以与易干扰基体分离，降低光谱干扰。

需要注意的是，不同元素不同价态具有不同的氢化物反应速率。利用不同价态元素氢化物发生的条件不同，可以对 As 等特殊元素进行元素价态分析。此外，还原剂及其浓度对测量结果影响很大，用量通常应不小于 2%（冷原子荧光法测定 Hg 时，还原剂浓度在 0.05% 左右），最佳浓度一般须通过实验确定。

第三节　气相色谱法

一、概述

在色谱分离过程中，固定不动的相称为固定相，而携带试样混合物流过固定相的流体（气体或液体）称为流动相。当流动相中携带的混合物流经固定相时，其与固定相会发生相互作用。由于混合物中各组分在性质和结构上的差异，与固定相之间产生的作用力的大小、强弱不同，随着流动相的移动，混合物在两相间经过反复多次的分配平衡，使得各组分被固定相保留的时间不同，从而按一定次序由固定相中流出。再与适当的柱后检测方法结合，实现混合物中各组分的分离与检测，两相及混合物各组分在两相中的不断分配构成了色谱法的基础。

（一）色谱法的分类和特点

1. 色谱法的分类

（1）按两相状态分类

以流动相状态来分类，用气体作为流动相的色谱法称为气相色谱法（gas chromatography，GC）；用液体作为流动相的色谱法称为液相色谱法（liquid chromatography，LC）。

（2）按样品组分在两相间分离机理分类

利用组分在流动相和固定相之间的分离原理不同而划分的分类方法包括吸附色谱法、分配色谱法、凝胶渗透色谱法、离子色谱法和超临界流体色谱法等。

（3）按固定相存在形式分类

根据固定相在色谱分离系统中存在的形状，可分为柱色谱法、平面色谱法。而柱色谱法又分为填充柱色谱法和开管柱色谱法；平面色谱法又分为纸色谱法和薄层色谱法。

（4）按色谱技术分类

为提高组分的分离效能和选择性而采取的技术措施，如程序升温气相色谱法、裂解气相色谱法、顶空气相色谱法、毛细管气相色谱法、多维气相色谱法、制备色谱法等方法。

（5）按色谱动力学过程分类

根据流动相洗脱的动力学过程不同而进行分类的色谱法，如冲洗色谱法、顶替色谱法和迎头色谱法等。

2．色谱法的特点

分离效率高，灵敏度高，分析速度快，应用范围广。

（二）色谱流出曲线和术语

1．色谱流出曲线——色谱图

试样中各组分经色谱柱分离后，随流动相依次流出色谱柱，经过检测器转换为电信号，由记录系统记录下来，得到一条各组分响应信号随时间变化的曲线，如图 2-4 所示。

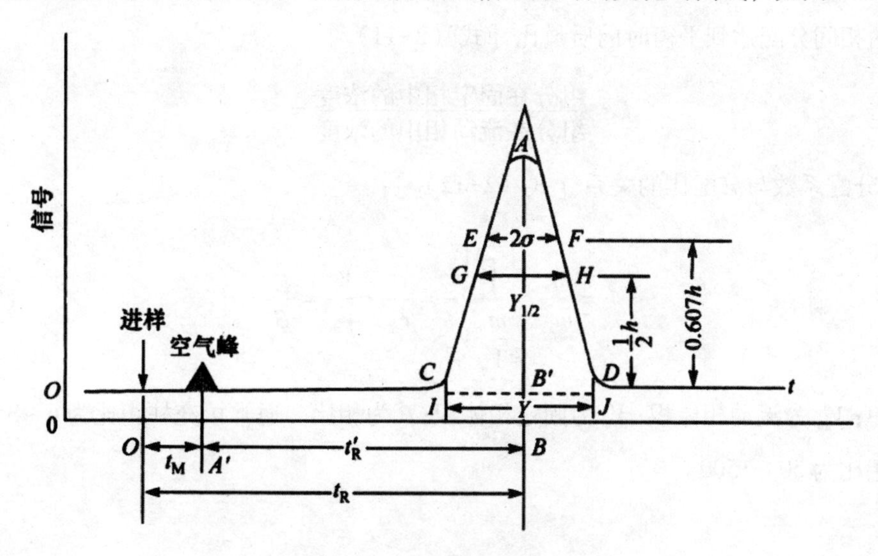

图 2-4　色谱流出曲线

2. 色谱图相关术语

（1）基线

无试样通过检测器时，检测到的信号-时间曲线。

（2）时间保留值

保留时间（t_R），组分从进样到柱后出现浓度极大值时所需时间；死时间（晶），不与固定相作用的气体（如空气）保留时间；调整保留时间（t'_R），$t'_R = t_R - t_M$；相对保留值 r_{21}，组分 2 与组分 1 调整保留值之比，即

$$r_{21} = t'_{R_2}/t'_{R_1} = V'_{R_2}/V'_{R_1} \quad (2-9)$$

二、色谱法的基本原理

（一）色谱的基本参数

1. 分配系数 K

在一定温度下，组分在固定相和流动相间发生的吸附、脱附或溶解、挥发分配达到平衡时的浓度（单位：g/mL）比，称为分配系数，用 K 表示［式（2-10）］：

$$K = \frac{\text{组分在固定相中的浓度}}{\text{组分在流动相中的浓度}} = \frac{c_s}{c_m} \quad (2-10)$$

2. 分配比 k

在实际工作中，也常用分配比来表征色谱分配平衡过程。分配比是指在一定温度下，组分在两相间分配达到平衡时的质量比［式（2-11）］：

$$k = \frac{\text{组分在固定相中的浓度}}{\text{组分在流动相中的浓度}} = \frac{c_s}{c_m} \quad (2-11)$$

3. 分配系数与分配比的关系［式（2-12）］：

$$k = \frac{m_s}{m_m} = \frac{\frac{m_s}{V_s}V_s}{\frac{m_m}{V_m}V_m} = \frac{c_s}{c_m} \cdot \frac{V_s}{V_m} = \frac{K}{\beta} \quad (2-12)$$

式中：V_m 为流动相体积；V_s 为固定相体积；β 为相比。通常填充柱相比为 6～35，毛细管柱的相比为 50～1500。

（二）塔板理论和速率理论

1. 塔板理论——柱分离效能指标

塔板理论是将色谱分离过程比拟为蒸馏过程，将连续的色谱分离过程分割成多次平衡过程的重复，类似于蒸馏塔塔板上的平衡过程。其假设：①每一个平衡过程间隔内，平衡可迅速达到；②将载气看作脉动（间歇）过程；③试样沿色谱柱方向的扩散可忽略；④每次分配的分配系数相同。设色谱柱长为 L，虚拟塔板间距为 H，色谱柱的理论塔板数为 n，则 $n = L/H$；在色谱中，理论塔板数与色谱参数之间的关系可由式（2-13）表示：

$$n_{理论} = 5.54\left(\frac{t_R}{Y_{1/2}}\right)^2 = 16\left(\frac{t_R}{W_b}\right)^2 \tag{2-13}$$

式中：W_b 为被分离物质的色谱峰底宽。保留时间 t_R 包含死时间，但组分在死时间内不参与柱内分配，须引入有效塔板数和有效塔板高度［式（2-14）、式（2-15）］：

$$n_{有效} = 5.54\left(\frac{t'_R}{Y_{1/2}}\right)^2 = 16\left(\frac{t'_R}{W_b}\right)^2 \tag{2-14}$$

$$H_{有效} = \frac{L}{n_{有效}} \tag{2-15}$$

2. 速率理论——影响柱效的因素

荷兰学者范第姆特（Vandeemter）在 1956 年导出速率理论方程，如式（2-16）所示：

$$H = A + B/u + C \cdot u \tag{2-16}$$

式中：H 为理论塔板高度；u 为载气的线速度，cm/s；A 为涡流扩散项；B/u 为分子扩散项；$C \cdot u$ 为传质阻力项。

（1）涡流扩散项（A）

涡流扩散所带来的色谱区带扩张是源于溶质分子通过填充柱内长短不同的多种迁移路径。由于柱填料粒径大小不同及填充不均匀，形成宽窄、弯曲度不同的路径。流动相携带组分分子沿柱内各路径形成紊乱的涡流运动，有些分子沿较窄或较直的路径快速通过色谱柱，先到达柱出口；而另一些分子沿较宽或弯曲的路径以较慢的速度通过色谱柱，后到达柱出口，导致色谱区带展宽。涡流扩散项可以用式（2-17）表示：

$$A = 2\lambda d_p \tag{2-17}$$

式中：d_p 为固定相的平均颗粒直径；λ 为固定相的填充不均匀因子。

由式（2-17）可知，固定相颗粒直径越小，填充得越均匀，涡流扩散越小，理论塔板高度越小，理论塔板数 n 越大，表现在涡流扩散所引起的色谱峰变宽现象减轻，色谱峰较窄。

（2）分子扩散项（B/u）

浓度扩散是分子自发运动过程。色谱柱内组分在流动相和固定相都存在分子扩散，但组分分子在固定相中纵向扩散可以忽略。样品进入柱子后，不是立即充满全部柱子，而是形成浓度梯度，分子从高浓度向低浓度扩散，这种扩散沿柱的纵向进行，称为分子扩散，它使色谱区带展宽。

分子扩散项可用式（2-18）表示：

$$\frac{B}{u}=2v\frac{D_m}{u} \tag{2-18}$$

式中：v 为弯曲因子（填充柱色谱 $v<1$）；D_m 为组分分子在流动相中的扩散系数，cm^2/s。

（3）传质阻力项（$C \cdot u$）

传质阻力能使组分在固定相和流动相中的浓度产生偏差，包括流动相传质阻力和固定相传质阻力。传质阻力就是组分分子从流动相到固定相两相相界间进行交换时的传质阻力，其会使柱子的横断面上的浓度分配不均匀，传质阻力越大，组分离开色谱柱所需的时间就越长，浓度分配就越不均匀，峰扩展就越严重。

三、气相色谱法的应用

气相色谱应用关键是色谱条件的探索，其包括分离条件和操作条件。分离条件是指色谱柱，操作条件是指载气流速、柱温、进样条件及检测器等。

（一）固定相的选择

混合物组分在气相色谱柱中能否得到完全分离，主要取决于所选的固定相是否合适。对于气体及低沸点试样，只有选用固体固定相才能更好地分离；对于大多数有机试样，还必须使用液体固定相才能完成分离任务。

一般以“相似相溶”原理作为选择固定液的基本原则。即固定液的性质和被测组分有某些相似性时，其溶解度就大。如果组分与固定液的分子性质（极性）相似，固定液和被测组分两种分子间的作用力就强，被测组分在固定液中的溶解度就大，分配系数就大，也就是说，被测组分在固定液中溶解度或分配系数的大小与被测组分和固定液两种分子之间相互作用的大小有关。分子间的作用力包括静电力、诱导力、色散力和氢键力等。

（1）分离非极性物质，一般选用非极性固定液，试样中各组分按沸点高低次序先后流出色谱柱，沸点低的先出峰，沸点高的后出峰。

（2）分离极性物质，选用极性固定液，这时试样中各组分主要按极性顺序分离，极性小的先流出色谱柱，极性大的后流出色谱柱。

（3）分离非极性和极性混合物时，一般选用极性固定液，这时非极性组分先出峰，极性组分（或易被极化的组分）后出峰。

（4）对于能形成氢键的试样，如醇、酚、胺和水等的分离，一般选择极性的或是氢键型的固定液，这时试样中各组分按与固定液分子形成氢键的能力大小先后流出，不易形成氢键的先流出，最易形成氢键的最后流出。

（二）柱长和柱内径的选择

增加柱长有利于提高分离度，但分析时间与柱长成正比，则组分的保留时间变大。因此，在满足一定的分离度下，尽可能选用较短的色谱柱。柱内径增大可增加柱容量和有效分离的试样量，但径向扩散会随之增加从而导致柱效下降。柱内径小有利于提高柱效，但渗透性会下降，影响分析速度。因此，对一般分离来说，填充柱内径为3～6mm，毛细管柱内径为0.1～0.5mm。

（三）载气及载气流速的选择

载气种类的选择应考虑3个方面，载气对柱效的影响、检测器的要求及载气性质。①载气相对分子质量大，可抑制试样的纵向扩散，提高柱效。载气流速较大时，传质阻力项起主要作用，采用较小相对分子质量的载气，可减小传质阻力，提高柱效。②热导检测器使用热导系数较大的 H_2 有利于提高检测器的灵敏度。对于氢火焰离子化检测器，N_2 是其载气的首选。③选择载气时，还须考虑载气的安全性、经济性及来源是否广泛等。

（四）柱温的选择

柱温是一个重要的操作参数，直接影响柱的选择性、柱效和分析速度。柱温不得低于固定相的最低使用温度，不得高于最高使用温度。提高柱温，可以加速组分分子在气相和液相中的传质过程，减小传质阻力，提高柱效；同时也加剧了分子的纵向扩散，导致柱效下降；更重要的是容量因子变小，固定相选择性变差，降低了分离度。柱温升高，被测组分在气相中的浓度增加，K 变小，公缩短，色谱峰变窄变高，低沸点组分峰易发生重叠，分离度下降。所以在分析过程中，若分离是主要矛盾，则选择较低的柱温；若分析速度是主要矛盾，则选择较高的柱温以缩短保留时间、加快分析速度。当然，选择柱温时一定要参考试样的沸点范围。柱温不能比试样沸点低得太多，一般选择在接近或略低于组分平均沸点时的温度。

对于组分复杂、沸程宽的试样，保持恒定柱温不能满足所有组分在合适的温度下分离，并可能造成低沸点组分出峰太快而高沸点组分出峰太慢甚至不出峰，在此情况下通常采用程序升温，即在分析过程中柱温按一定程序由低到高变化，使各组分能在最适宜的温度下分离。

（五）进样条件的选择

气化室的温度要保证试样瞬间气化，同时不导致试样分解，一般比柱温高 20～30℃。

进样量与固定相总量及检测器灵敏度有关。对于填充色谱柱，液体试样进样量不超过10μL，气体试样不超过 10mL。通常用热导检测器时，液体进样量为 1～5μL，用氢火焰离子化检测器时，进样量应小于 1μL。

进样操作包括注射深度、位置、速度等方面，这些对峰面积有影响。进样时间过长会造成试样扩散，使色谱峰变宽甚至变形。因此，取样完毕应立刻进样，进样时须连续不停顿地快速完成。

第四节　高效液相色谱法

一、概述

高效液相色谱法（HPLC）是指一种用液体为流动相的色谱分离分析方法。采用了高压泵、化学键合固定相高效分离柱、高灵敏专用检测器等技术建立的一种液相色谱分析法，具有高压、高效、高灵敏度等特点。

二、高效液相色谱法的基本原理

（一）液-固色谱法

液-固色谱法是以固体吸附剂作为固定相，吸附剂通常是多孔的固体颗粒物质，在它们的表面存在吸附中心，实质是根据物质在固定相上的吸附作用不同来进行分离的。

1. 分离原理

当组分分子 X 随流动相通过固定相（吸附剂）时，吸附剂表面的活性中心同时吸附流动相分子 S 。于是，在固定相表面发生竞争吸附［式（2-19）］：

$$X(\text{液相}) + nS_{ad}(\text{吸附}) = X_{ad}(\text{吸附}) + nS(\text{液相}) \quad (2-19)$$

达到平衡时：

$$K_{ad} = \frac{[X_{ad}][S]^n}{[X][S_{ad}]^n} \quad (2-20)$$

式中：K_{ad} 为吸附平衡常数，K_{ad} 值大，表示组分在吸附剂上吸附作用强，难于洗脱；K_{ad} 值小，则吸附作用弱，易于洗脱。试样中各组分据此得以分离。

2. 固定相

吸附色谱所用固定相多是一些吸附活性强弱不等的吸附剂，如硅胶、氧化铝、聚酸胶等。固定相按孔隙深度可分为表面多孔型和全多孔型，它们具有填料均匀、粒度小、孔穴浅的优点，能极大地提高柱效，其中被广泛使用的是试样容量较大的全多孔型微粒填料。

3. 流动相

流动相又称洗脱剂，对极性大的试样往往采用极性强的洗脱剂，反之，宜用极性弱的洗脱剂。洗脱剂的极性强弱用溶剂强度参数 ε^0 来衡量。ε^0 越大，表示洗脱剂的极性越强。

（二）化学键合相色谱法

采用化学键合相的液相色谱称为化学键合相色谱法。由于键合固定相非常稳定，在使用中不易流失，适用于梯度淋洗，特别适用于分离分配系数 K 值范围宽的样品。由于键合到载体表面的官能团可以是各种极性的，因此它适用于多种样品的分离。

1. 键合固定相的类型

利用硅胶表面的硅醇基（Si-OH）与有机基团成键，即可得到各种性能的键合固定相。

（1）疏水基团，如不同链长的烷烃（C_8 和 C_{18}）和苯基等。

（2）极性基团，如氨丙基、氰乙基、醚和醇等。

（3）离子交换基团，如阴离子交换基团的氨基、季铵盐；阳离子交换基团的磺酸等。

2. 反相键合相色谱法

反相键合相色谱的分离机理，可用疏溶剂作用理论来解释。这种理论把非极性的烷基键合相看作一层键合在硅胶表面的十八烷基的“分子毛刷”，这种“分子毛刷”有较强的疏水特性。当用极性溶剂作为流动相分离含有极性官能团的有机物时，一方面，分子中的非极性部分与固定相表面的疏水烷基产生缔合作用，使它保留在固定相中；而另一方面，被分离物的极性部分受到极性流动相的作用，促使它离开固定相，并减小其保留作用。显然，两种作用力之差，决定了分子在色谱中的保留行为。

3．正相键合相色谱法

正相键合相色谱法是以极性有机基团（如-CN、$-NH_2$、双羟基等）键合在硅胶表面作为固定相，以非极性或极性小的溶剂（如烃类）中加入适量的极性溶剂（如氯仿、醇、乙腈等）为流动相，分离时组分的分离分配系数 K 值随固定相极性的增加而增大，但随流动相极性的增加而降低。正相键合相色谱法主要用于分离异构体、极性不同的化合物。

（三）尺寸排阻色谱法

尺寸排阻色谱法又称凝胶色谱法，是基于试样分子的尺寸和形状不同来实现分离的，主要用于较大分子的分离，也用于分析大分子物质相对分子质量的分布。其特点是：①保留时间是分子尺寸的函数，有可能提供分子结构的某些信息；②保留时间短、谱峰窄、易检测，可采用灵敏度较低的检测器；③固定相与分子间作用力极弱，趋于0，柱寿命长；④不能分辨分子大小相近的化合物，相对分子质量差别必须大于10%才能得以分离。

1．分离原理

尺寸排阻色谱是按分子大小顺序进行分离的一种色谱方法。其固定相为化学惰性多孔物质——凝胶。凝胶内具有一定大小的孔穴，体积大的分子不能渗透到孔穴中去而被排阻，较早地被淋洗出来；中等体积的分子部分渗透；小分子可完全渗透其中，最后洗出色谱柱。这样，样品分子基本上按其分子大小，排阻先后由柱中流出。

2．固定相

尺寸排阻色谱的固定相一般可分为软性、半刚性和刚性凝胶三类。凝胶指含有大量液体的柔软而富于弹性的物质，是一种经过交联而具有立体网状结构的多聚体。

（1）软性凝胶

如葡聚糖凝胶、琼脂糖凝胶，具有较小的交联结构，其微孔能吸入大量的溶剂，并能溶胀到它们干体的许多倍。它们适用于以水溶性溶剂做流动相，一般用于相对分子质量较小的物质的分析，不适宜在高效液相色谱中应用。

（2）半刚性凝胶

如高交联度的聚苯乙烯，比软性凝胶稍耐压，溶胀性不如软性凝胶。它常以有机溶剂做流动相，用于高效液相色谱时流速不宜过大。

（3）刚性凝胶

如多孔硅胶、多孔玻璃等，它们既可用水溶性溶剂，又可用有机溶剂作流动相，可在较高压强和较高流速下操作。

3. 流动相

尺寸排阻色谱所选用的流动相必须能溶解样品，并与凝胶本身非常相似，这样才能润湿凝胶。当采用软性凝胶时，溶剂也必须能溶胀凝胶。另外，溶剂的黏度要小，因为高黏度溶剂往往限制分子扩散作用而影响分离效果。溶剂选择还必须与检测器相匹配。

三、高效液相色谱仪

高效液相色谱仪由流动相输送系统、进样系统、柱系统、检测系统、数据处理和控制系统组成。分析流程采用高压泵将具有一定极性的单一溶剂或不同比例的混合溶剂泵入装有填充剂的色谱柱，经进样阀注入的样品被流动相带入色谱柱内进行分离后，依次进入检测器，由记录仪、数据处理系统记录色谱信号或进行数据处理而得到分析结果。

（一）流动相储液器

高效液相色谱仪配备一个或多个流动相储液器，其材料要具有耐腐性，对溶剂是惰性的，常用玻璃瓶，也可用耐腐蚀的不锈钢、氟塑料或聚醚醚酮特种塑料制成的容器。每个储液器的容积为500～2000mL。储液器配有溶剂过滤器，以除去溶剂中灰尘或微粒残渣，防止损坏泵、进样阀或堵塞色谱柱。

高效液相色谱仪对流动相的基本要求：①纯度高，溶剂不纯会增加检测器的噪声，产生伪峰；②与固定相不相溶，以避免固定相的降解或塌陷；③对样品有足够的溶解度，以防止在柱头产生沉淀，从而改善峰形和灵敏度；④黏度低，以降低传质阻力，提高柱效；⑤与检测器兼容，以降低背景信号和基线噪声；⑥毒性小，安全性好。

（二）脱气器

流动相在使用前必须进行脱气处理，以除去其中溶解的气体，防止形成气泡增加基线噪声，造成分析灵敏度下降和干扰检测器工作，甚至影响柱分离效能。

高效液相色谱仪常用的脱气方法有两大类：①离线（off-line）脱气法，如吹氦脱气法、加热回流法、抽真空脱气法、超声波脱气法等，均会随流动相存放时间的延长又会有空气重新溶解到流动相中；②在线（on-line）真空脱气法，把真空脱气装置串接到储液系统中，并结合膜过滤器实现流动相在进入输液泵前的连续真空脱气，并适用于多元溶剂体系。

（三）高压泵

高效液相色谱采用液体作为流动相，其黏度较气体大。同时为了获得高柱效，高效液相色谱使用粒度很小的固定相（<10μm），柱内压降大，所以必须采用高压泵来保持流速恒定。采用的高压泵应具有压力平稳无脉动、脉冲小、流量稳定可调、耐压耐腐蚀、密封性好等特性。高压泵用于输送流动相，一般压力为（150～350）$\times 10^5$Pa，分恒流泵和恒压泵两类。

1．往复式柱塞泵（恒流泵）

泵体由小的溶剂室、柱塞杆、进出液的两个单向阀组成。通常由步进电机带动凸轮或偏心轮转动，驱动活塞杆往复运动。改变活塞冲程或往复频率，即改变电机转速以调节泵的流量。常采用双柱塞、三柱塞并联或串联泵，并附加阻尼器可提高输出液的流量稳定性。往复式柱塞泵流量与外界阻力无关，死体积小，非常适合梯度洗脱。

2．气动放大泵（恒压泵）

气动放大泵的工作原理与水压机相似，以低压气体作用在大面积气缸活塞上，压力传递到小面积液缸活塞，利用压力放大获得高压。气动放大泵缺点在于泵腔体积大，流量随外界阻力而改变，不适合梯度洗脱，已被恒流泵所代替。

（四）梯度洗脱装置

梯度洗脱指分离过程中通过改变流动相组成增加洗脱能力，以提高分离效率和速度的一种方法。通常梯度装置采用两种3种或4种极性差别较大的溶剂，按一定比例混合进行二元、三元或四元梯度洗脱，适用于组分保留值差别很大的复杂混合物分离。其主要部件除高压泵外，还有混合器和梯度程序控制器。

（五）色谱柱

色谱是一种分离分析手段，因此担负分离作用的色谱柱是色谱系统的心脏。对色谱柱的要求是柱效高、选择性好、分析速度快等。市售的用于高效液相色谱的各种微粒填料，如多孔硅胶及以硅胶为基质的键合相、氧化铝、有机聚合物微球（包括离子交换树脂）、多孔碳等，其粒度一般有3μm、5μm、7μm、10μm等，理论塔板数可达（5～16）×10^4/m。对于一般的分析只需5000塔板数的柱效；对于同系物分析，只要500塔板数即可；对于较难分离物质对则可采用高达2×10^4塔板数的柱子，因此一般10～30cm的柱长就能满足复杂混合物的分析需要。

（六）检测器

1．紫外吸收检测器

紫外吸收检测器是目前液相色谱使用最普遍的检测器，是专属型的浓度型检测器，适用于检测对紫外或可见光有吸收的样品。其检测原理和基本结构与一般光分析仪相似，基于被分析试样组分对特定波长紫外光的选择吸收，组分浓度与吸光度关系遵守比尔定律。紫外吸收检测器主要由光源、单色器、流通池或吸收池、接收和电测器件组成。紫外检测器灵敏度高，精密度及线性范围较好，对温度和流速不敏感，可用于梯度洗脱。

2．荧光检测器

荧光检测器是利用化合物具有光致发光性质，受紫外光激发后能发射荧光对组分进行检测。

对不产生荧光的物质可通过与荧光试剂反应，生成可发生荧光的衍生物进行检测。它对多环芳烃、维生素B、黄曲霉素、卟啉类化合物、农药、药物、氨基酸、甾类化合物等有响应。它的灵敏度比紫外吸收检测器高2～3个数量级，检出限可达皮克（$1pg=10^{-12}g$）量级或更低，是灵敏度高和选择性好的检测器，属于专属型的浓度型检测器，特别适用于痕量组分测定，其线性范围较窄，可用于梯度淋洗。

第五节 色谱-质谱联用法

一、概述

（一）气相色谱-质谱联用技术发展

质谱（Mass Spectrometry，MS）技术发展至今已有一个多世纪，从20世纪50年代气相色谱仪出现以后，分析化学家意识到这两种技术联用的巨大潜力，因而致力于气相色谱-质谱联用技术（GC-MS）的开发。

气相色谱-质谱联用技术的发展，主要围绕以下3个问题的解决而不断取得进展：①气相色谱柱出口气体压力和质谱正常工作所需的高真空的适配；②质谱扫描速度和色谱峰流出时间的相互适应；③必须能同时检测色谱和质谱信号，获得完整的色谱和质谱图。这3个问题都与色谱、质谱仪器的结构和功能有关，因而联用技术的发展和完善依赖于气相色谱、质谱仪器性能的提高，随着气相色谱、质谱技术的不断发展，联用技术也不断得到完善。此外，真空技术、电子技术、计算机科学等各项技术的发展也推动了气相色谱-质谱联用技术的日趋完善。

（二）气相色谱-质谱联用技术特点

（1）气相色谱作为进样系统，将待测样品经色谱柱有效分离后直接导入质谱进行检测，既满足了质谱分析对样品纯度的要求，又省去了样品制备、分离、转移的烦琐过程；不仅避免了样品受污染的风险，还实现了对质谱进样量的有效控制，因而极大地提高了对混合物分离、定性、定量分析的能力。

（2）质谱作为检测器，检测的是离子质量，获得化合物的质谱图，解决了气相色谱定性分析的局限性。因为质谱法的多种电离方式可使各种样品分子得到有效的电离，所有离子经质量分析器分离后均可以被检测，有广泛适用性。而且质谱的多种扫描方式和质量分析技术，可以选择性地只检测所需的目标化合物，不仅能排除基质和杂质峰干扰，还可极大地提高检测灵敏度。

（3）气相色谱-质谱联用技术的优势还体现在可获得更多的信息。单独使用气相色谱只获得保留时间、强度二维信息，单独使用质谱只获得质荷比（m/z）、强度二维信息，而气相色谱-质谱联用可得到质荷比、保留时间和强度三维信息。化合物的质谱特征加上气相色谱保留时间双重定性信息，其专属性更强。质谱特征相似的同分异构体，靠质谱图难以区分，但根据色谱保留时间则不难鉴别。具有相同保留时间的不同化合物，根据质谱图也可区分。

（4）气相色谱-质谱联用技术的发展促进了分析技术的计算机化，不仅改善并提高了仪器的性能，还极大地提高了工作效率。从控制仪器运行、数据采集和处理、计算机的介入使仪器可以全自动昼夜运行，从而缩短了各种新方法的开发时间和样品运行时间，实现了高效率分析的目标。

（三）液相色谱-质谱联用技术特点

液相色谱-质谱联用技术可用于气相色谱-质谱联用技术所不适用的高沸点、热稳定性差、相对分子质量大的物质的分离分析。它不仅弥补了 GC-MS 的不足之处，而且还有以下优点：

（1）高普适性：质谱仪的出现，有效地解决了热不稳定性化合物分析检测的难题。

（2）高分离能力：由于化合物极性非常接近，很容易出现在色谱柱上不能完全分离的状况。质谱分析不仅可以有效地检测出所有化合物的相对分子质量，而且还可以通过二级质谱图给出不同化合物各自的结构信息。

（3）高灵敏度：质谱仪具有很高的灵敏度，一般在低于 10^{-12}g 水平下的样品都可以通过质谱法进行检测。与此同时，对于没有紫外吸收的复杂化合物，质谱法表现更优异。

（4）高效的制备系统：有效地解决了传统 UV 制备中的难题，从很大程度上提高了制备系统的性能。

（5）串联检测系统：液相色谱-质谱联用起初的质谱仪为单独质谱仪，如四极杆或离子阱。由于液相色谱-质谱物很少有标准谱库，得到的质谱图解析非常困难。而串联质谱问世使液相色谱-质谱联用技术大受欢迎。串联质谱是用质谱作为质量分离的方法，通过诱导第一级质谱产生的分子离子裂解，研究子离子和母离子的关系，从而得出该分子离子的结构信息。其中最著名的是三重四极杆，其在许多液相色谱-质谱联用仪上得到很好的应用。另一类就是组合三重四极杆-飞行时间质谱（Q-TOF），可获得高分辨率的离子质谱与高灵敏度的检测，从而实现未知物的定性定量。

二、质谱仪的基本结构与工作原理

大多数质谱仪是利用电磁学原理，使带电的离子按质荷比进行分离的仪器。典型的方式是将样品分子离子化后经加速进入磁场中，其运动速率与加速电压及电荷有关，即

$$zeU = \frac{1}{2}mv^2 \tag{2-21}$$

式中：z 为电荷数；e 为元电荷（$e=1.60\times10^{-19}$C）；U 为加速电压；m 为离子的质量；v 为离子被加速后的运动速率。具有速率 v 的带电粒子进入质量分析器的电磁场中，根据所选择的分离方式，最终实现各种离子按 m/z 进行分离。根据质量分析器的工作原理，可以将质谱仪分为动态和静态两大类。在静态质谱仪中采用稳定的电场和磁场，按空间位置将 m/z 不同的离子分开，如单聚焦和双聚焦质谱仪。而在动态质谱仪中采用变化的电磁场，

按时间不同来区分 m/z 不同的离子，如飞行时间和四极杆质谱仪。

质谱仪是通过样品离子化后产生的具有不同 m/z 的离子来进行分离分析的。质谱仪的基本结构包括进样系统、离子源、质量分析器和检测系统。为了获得离子的良好分析，必须避免离子的损失，因此在样品离子存在和通过的地方必须处于真空状态。

质谱分析的一般过程：样品通过合适的进样系统引入离子源进行离子化，然后离子经过适当的加速后进入质量分析器，按不同的 m/z 进行分离，最后到达检测器，产生信号进行记录分析。

（一）真空系统

质谱仪中离子产生及经过的系统必须处于高真空状态（离子源真空度应达 1.3×10^{-4} ~ 1.3×10^{-5} Pa，质量分析器中应达 1.3×10^{-6} Pa）。一般质谱仪都采用机械泵预抽真空后，再用高效率扩散泵连续运行以保持真空。

（二）进样系统

进样系统的作用是高效、重复地将样品引入离子源中，并且不会造成真空度的降低。目前常用的进样装置有 3 种类型：间歇式进样系统、直接探针进样系统和色谱进样系统。

1. 间歇式进样系统

该系统可用于气体、液体和中等蒸气压的固体样品进样。通过可拆卸式的试样管将少量固体或液体试样引入试样储存器中，进样系统的低压强及储存器的加热装置使试样保持气态。由于进样系统的压强比离子源的压强要大，样品离子可以通过分子漏隙（通常是带有一个小针孔的玻璃或金属膜）以分子流的形式渗透进入高真空的离子源中。

2. 直接探针进样系统

对于在间歇式进样系统条件下无法变成气体的固体、热敏性固体及非挥发性液体试样，可直接引入离子源中。通常将试样放入小杯中，通过真空闭锁装置将其引入离子源，可以对样品杯进行冷却或加热处理。直接探针进样系统使质谱法的应用范围迅速扩大，使许多量少且复杂的有机物得以有效分析，如甾族化合物、糖、双核苷酸和低相对分子质量聚合物等。

3. 色谱进样系统

复杂混合物的直接质谱数据没有意义。而借助色谱的有效分离，质谱可以在一定程度上鉴定出混合物的成分。毛细管柱气相色谱由于载气流量小，可直接将色谱柱的出口插入质谱仪的离子源中即可实现联用。

（三）离子源

离子源的功能是使样品分子转变为离子，将离子聚焦，并加速进入质量分析器。质谱有多种类型的离子源可满足不同极性、不同相对分子质量范围化合物的分析需求。由于离子化所需要的能量随分子不同差异很大，因此对于不同的分子应选择不同的离子化方法。通常称能给样品较大能量的离子化方法为硬电离，而给样品较小能量的离子化方法为软电离，硬电离通常产生较多碎片离子，而软电离则主要产生分子离子，产生的碎片离子很少或无碎片离子生成。对一个特定分子而言，它的质谱图很大程度上取决于所用的离子化方法。离子源的性能将直接影响质谱仪的灵敏度和分辨率等。

（四）质量分析器

质谱仪的质量分析器位于离子源和检测器之间。质量分析器的功能是将离子源产生的离子按 m/z 进行分离，它是质谱仪的心脏。质量分析器的主要类型有单四极杆质量分析器、三重四极杆质量分析器、离子阱质量分析器、扇形磁场-电场双聚焦质量分析器、飞行时间质量分析器和离子回旋共振质量分析器等，还有一些组合质谱，如三重四极杆与飞行时间质量分析器联用。

（五）检测与记录

离子检测器的功能是接收由质量分析器分离的离子，进行离子计数并转换成电压信号放大输出，再经过计算机采集和处理，最终得到按不同 m/z 值排列并显示对应离子丰度的质谱图。质谱仪常用的检测器有法拉第（Faraday）杯、电子增倍器及光电倍增器等。质谱信号非常丰富，现代质谱仪一般都采用较高性能的计算机对产生的信号进行快速接收和处理，同时通过计算机对仪器条件进行严格监控，从而使精密度和灵敏度都有一定程度的提高。

三、气相色谱-质谱联用仪进样技术

利用 GC-MS 分析样品时，可根据分析物的特征选择合适的进样口，GC-MS 进样口的类型主要有分流/不分流进样口、可程序升温进样口、冷柱头进样口、顶空进样口、吹扫捕集进样口等。下面对各种进样口做简单介绍。

（一）分流/不分流进样口

样品浓度较高时首选分流进样，因用溶剂稀释可能造成某些组分丢失，因而可直接在进样口进行分流，使只有部分样品进入色谱柱进行分析。高沸点痕量组分首选不分流进样。

（二）可程序升温进样口

将液体或气体样品注入低温的进样口衬管内，按程序升高进样口温度，可去除溶剂使样品中待测组分得到浓缩，不挥发的残渣留在衬管中，保护色谱柱。

（三）冷柱头进样口

冷柱头进样是将样品直接注入处于室温或更低温度下的色谱柱中，再逐步升高温度使样品各组分依次发生气化。它的优点是可消除进样口对样品的歧视效应，避免热分解，适用于热不稳定化合物及痕量分析，分析的准确度与精确度均高于分流/不分流进样；缺点是进样体积小，操作复杂。

（四）顶空进样口

顶空进样也称静态顶空技术，用于测定在一定温度下可挥发及相对比较难以前处理的样品。需要注意如果基质是液体，基质的蒸气压通常会高于样品的蒸气压，因而尽量选择沸点较高的化合物做基质，以减少基质对分析物的干扰。顶空进样要用分流进样方式，以防止样品扩散和压力波动。

（五）吹扫捕集进样口

吹扫捕集也称动态顶空技术，是将样品中的可挥发性有机物用氮气吹扫到捕集管中，捕集管中一般装有填料，可选择性地吸附有机物。当这一过程结束后，将捕集管快速加热，使被吸附的有机物释放出来进入 GC-MS 进行分离分析。

GC-MS 的应用十分广泛，从环境污染物分析、食品香味分析鉴定到医疗诊断、药物代谢研究等都有广泛应用。

第六节 电化学分析法

一、概述

电化学是利用电子学的方法来研究化学变化及电能和化学能之间的联系和转换过程的科学。而电化学分析则是依据物质的电学及电化学性质建立起来的分析方法。它通常是建立在电化学基础上，使待分析的样品试液构成化学电池，然后根据所组成电池的某些物理量与其化学量之间的内在联系进行定量分析。

电化学分析法的重要特征：①直接通过测定电流、电位、电导、电量等物理量，在溶液中有电流或无电流流动的情况下，来研究、确定参与反应的化学物质的量；②依据测定电参数分别命名各种电化学分析方法，如电位分析法、电导分析法等；③依据应用方式不同可分为直接电位法和间接电位法。

电化学分析法的特点：①灵敏度、准确度高，选择性好，被测物质的最低检测量可以达到 10^{-12}mol/L 数量级；②电化学仪器装置较为简单，操作方便；③直接得到电信号，易传递，尤其适合自动控制和在线分析；④应用广泛。

（一）电化学分析法分类

电化学分析按国际纯粹与应用化学联合会（IUPAC）的推荐，可分为：①不涉及双电层，也不涉及电极反应，如电导分析；②涉及双电层，但不涉及电极反应，如电位分析；③涉及电极反应，如电解、库仑、极谱、伏安分析等。

电化学分析按习惯分类方法（按测量的电化学参数分类）：①电导分析法，测量电导值；②电位分析法，测量电动势；③电解分析法（电重量分析法），测量电解过程中电极上析出物质量；④库仑分析法，测量电解过程中的电量；⑤伏安法，测量电流与电位变化曲线；⑥极谱分析，通过测定电解过程中所得到的极化电极的电流-电位（或电位-时间）曲线来确定溶液中被测物质浓度的一类电化学分析方法。

（二）电化学分析的应用领域

电化学分析广泛应用于：①化学平衡常数测定；②化学反应机理研究；③化学工业生

产流程中的监测与自动控制；④环境监测与环境信息实时检测；⑤生物科学；⑥药物分析与临床监控等。

二、电位分析法的基本原理

电位分析法是在通过电化学电池电流为零的条件下，测定电极电位或电动势来测定物质浓度的一种电化学分析法。它包括电位测定法和电位滴定法。

电位测定法是根据测定电极的电极电位，利用能斯特方程［式（2-22］求得被测离子的活度，即

$$\varphi = \varphi_{标准} + (0.0592/n)\lg a_A \qquad (2-22)$$

式中：φ 为电极电位；n 为电极反应中传递的电子数；a_A 为被测离子的活度。

电位滴定法是根据滴定过程中电极电位的突跃变化代替化学滴定指示剂颜色的变化来确定终点的滴定方法，从所消耗的滴定剂体积及其浓度来计算待测物的量，应用于各种滴定分析，其灵敏度高于用指示剂指示终点的滴定分析，而且能在有色和浑浊的试液中滴定。与电位测定法不同之处在于电位滴定法须加入滴定剂于测定体系的溶液中。

（一）离子选择电极及其分类

1. 离子选择电极

离子选择电极是一类电化学传感器，一般由敏感膜、电极帽、电极杆、内参比电极和内参比溶液等部分组成。敏感膜是一种选择性渗透的离子导体材料，并可将样品和内参比溶液分开。此膜通常是无孔的、非水溶性的、力学性能稳定的膜。

2. 离子选择电极的分类

离子选择电极可分为原电极和敏化离子选择电极两类。原电极是指敏感膜与试液直接接触的离子选择电极。敏化离子选择电极则是以原电极为基础装配而成。根据敏感膜材料原电极和敏化离子选择电极可再细分，如非晶体膜电极、晶体膜电极、气敏电极、酶电极等。

(1) 玻璃膜（非晶体膜）电极

玻璃电极包括对 H^+、Na^+、K^+等离子有响应的 pH、pNa、pK 电极等。玻璃电极的结构基本相同，由关键部分敏感玻璃膜、内参比溶液、内参比电极等构成。敏感玻璃膜由一种用特定配方的玻璃吹制而成，厚度约为 0.1mm。其配方不同，可以做成对不同离子有响应的玻璃电极。其中应用最早、最广泛的是 pH 玻璃电极。

pH 玻璃电极的敏感膜是硅酸盐玻璃，由 Na_2O、CaO、SiO_2 组成。其结构是由固定的、带负电荷的硅与氧组成的三维网络骨架及存在于网络骨架中体积较小、活动能力较强并起导电作用的阳离子 M^+（主要是一价钠离子）构成。当玻璃电极与水溶液接触，溶液中小的氢离子能进入网络并代替钠离子，与其发生交换。其他阴离子被带负电硅氧骨架排斥，高价阳离子也不能进出网络。

（2）晶体膜电极

晶体膜电极分为均相和非均相膜电极。均相膜电极的敏感膜是由单晶或由一种化合物和几种化合物均匀混合的多晶压片制成。非均相膜电极的敏感膜是由多晶中掺杂惰性物质经热压制成。

（3）气敏电极

气敏电极是用于测定溶液或其他介质中某种气体含量的气体传感器。其一般是由离子选择电极、参比电极、内电解溶液（称为中介溶液）透气膜或空隙构成的复合电极。测定时试样中的气体通过透气膜或空隙进入中介溶液。当试样与中介溶液内该气体的分压相等时，中介溶液中离子活度的变化由离子选择电极检测，其电极电位与试样中气体的分压或浓度有关，从而测定试样中气体含量。

（二）电位分析法

直接电位法包括标准曲线法、标准加入法、Gran 作图法和直读法。电位滴定法常采用作图法、微商计算法和 Gran 作图法求滴定终点。

1. 直接电位法

（1）标准曲线法

标准曲线法测定时先配制一系列含被测组分的标准溶液，分别测定其电位值 φ，绘制 φ 对 lgc 的关系曲线。再测定未知样品溶液的电位值，从标准曲线上查出其对数浓度，最后计算出浓度值。

标准曲线法适用于被测体系较简单的批量分析。对较复杂的体系，如样品的本底较复杂，离子强度变化大，标准和样品溶液中可分别加入一种称为总离子强度调节剂（TISAB）的试剂，它的组成及作用主要有：①支持电解质，维持样品和标准溶液恒定的离子强度；②缓冲溶液，保持试液在离子选择电极适合的 pH 值范围内，避免 H^+ 或 OH^- 的干扰；③配位剂，掩蔽干扰离子，使被测离子释放成为可检测的游离离子。

（2）标准加入法

复杂样品的分析应采用标准加入法，即将样品的标准溶液加入样品溶液中进行测定，也可以采用样品加入法，即将样品溶液加入标准溶液中进行测定。

（3）直读法

在 pH 值计或离子计上直接读出试液的 pH 值（pM）的方法称为直读法。测定溶液的 pH 值时，组成如下测量电池：

$$\text{pH 玻璃电极} \mid \text{试液}(a_{H^+} = x) \parallel \text{饱和甘汞电极} \qquad (2-23)$$

电池电动势：

$$E = b + 0.0592\text{pH} \qquad (2-24)$$

在实际测定未知溶液的 pH 值时，须先用 pH 值标准缓冲溶液定位校准，其电动势：

$$E_s = b + 0.0592\ \text{pH}_s \qquad (2-25)$$

未知溶液的电动势：

$$E_x = b + 0.0592\ \text{pH}_x \qquad (2-26)$$

则

$$\text{pH}_x = \text{pH}_s + \frac{E_x - E_s}{0.0592} \qquad (2-27)$$

当测定 pH 值较高，特别是 Na^+浓度较大的溶液时，pH 值玻璃电极测得 pH 比实际数值偏低，这种现象称为碱差或钠差。测定强酸溶液，测得的 pH 值比实际数值偏高，这种现象称为酸差。

2. 电位滴定法

电位滴定法是利用电极电位的突跃变化来指示终点到达的滴定方法。将滴定过程中测得的电位值 φ 对消耗的滴定剂体积作图，绘制成 $\varphi - V$ 滴定曲线，由曲线上的电位突跃变化值来确定滴定的终点。一般曲线的突跃范围中点即为终点。如突跃变化不明显，则可做微分处理，获得准确的滴定终点。

3. 测量仪器

对电位计（或离子计）的要求主要是有足够高的输入阻抗、必要的测量精度和稳定性及适合的量程。

测量电极电位是在零电流条件下进行的。玻璃电极的内阻最高，达 $10^8\Omega$，因此由离子选择电极和参比电极组成的电池的内阻，主要取决于离子选择电极的内阻。如果要求测量误差小于 0.1%，需要离子计的输入阻抗 $\geq 10^{11}\Omega$。

根据误差原则，若电位测量有 1mV 误差，则一价离子浓度的相对误差为 4%，二价离子浓度的相对误差为 8%，要求浓度的相对误差小于 0. 5%，仪器最小刻分量度应为0. 1mV。

实际使用时离子选择电极的电位范围在±（0～700）mV，因此仪器量程为±1000mV。

三、极谱与伏安分析法、阳极溶出分析法

极谱分析法是通过由电解过程中所得的电流-电位（电压域电位-时间曲线进行分析的方法。传统极谱分析法的工作电极为滴汞电极，而伏安分析法使用固态或表面静止电极做工作电极。

伏安分析法的实际应用相当广泛，凡能在电极上发生还原或氧化反应的无机、有机物或生物分子，一般都可用伏安分析法测定。伏安分析法可直接或间接地测定各种元素、有机物。因此，伏安分析法广泛应用于金属矿物、环境保护、生物医药、化学工业、原子能、半导体工业等领域的各种分析任务。

（一）直流极谱法

1. 原理

直流极谱法也称恒电位极谱法或经典极谱法。它的装置包括测量电压、测量电流和极谱电解池 3 部分，如图 2-5 所示。

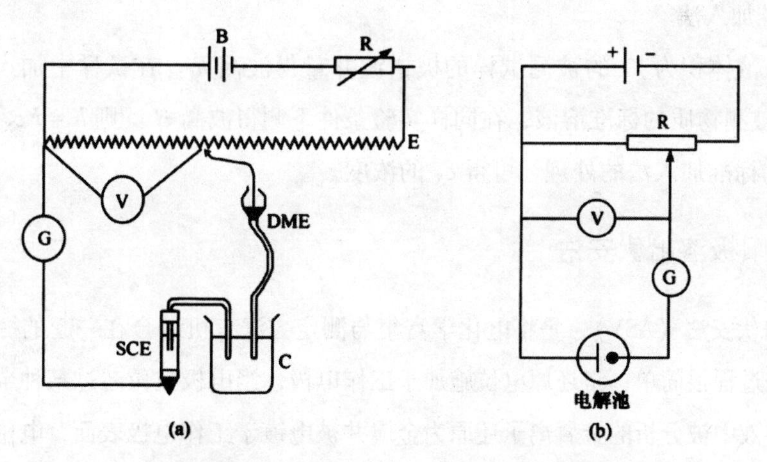

图 2-5　经典极谱仪简图（a）与直流极谱装置示意图（b）

B. 直流电源；C. 电解池；E. 滑线电阻；G. 实测电流；R. 可变电阻；V. 控制电压

经典极谱电解池中采用两电极体系，即以小面积的滴汞电极（DME）作为阴极，大面积的饱和甘汞电极（SCE）作为阳极。电解前充分通氮除氧（以避免氧的氧化峰干扰），在静止条件下电解。调节外加电压，逐渐增加两电极上的电压。每改变一次电压，记录一

次电流值。将测得的电流 i，外加电压 V 或滴汞电极电位 φ_{dc} 值绘制成 $i-V$ 或 $i-\varphi_{dc}$ 曲线。

2. 极谱波类型及其方程式

极谱电流与滴汞电极电位间关系的数学表达式，称为极谱波方程。

可逆金属离子的极谱波可分为还原波、氧化波和综合波，这里只讲还原波，即溶液中只有氧化态物质，则其还原波方程为：

$$\varphi_{de} = \varphi_{1/2} + \frac{0.0592}{z}\lg\frac{i_d - i}{i} \qquad (2-28)$$

上述方程为可逆电极反应状况，电流受扩散速率控制。实际上还存在可逆性差和完全不可逆波，其电流不完全受扩散速率控制。在实际分析中，根据测定需要可以加入合适的配位剂，使原来半波电位接近的金属离子的测定成为可能。

3. 定量分析

尤考维奇方程是极谱分析法定量分析的基础。扩散电流（波高）与被测物质浓度在一定范围内呈线性关系，定量分析可采用标准曲线法或标准加入法。

（1）标准曲线法

配制一系列含不同浓度的被测离子的标准溶液，在相同实验条件下，分别测定其极谱波高。以波高对浓度作图得标准曲线。在上述条件下测定未知试液的波高，从标准曲线上查得该试液的浓度。标准曲线法适用于大量同类试样分析。

（2）标准加入法

先测得试液体积为 V_X 的被测试样的极谱波并量得波高 h。在试样中加入浓度为 cs、体积为 V_S 的被测物质的标准溶液，在同样实验条件下测得波高 H。则 $h = Kc_X$，采取类似于电位分析的标准加入法的处理，可得 c_X 的浓度。

（二）阳极溶出伏安法

阳极溶出伏安法（ASV），是将电化学富集与测定方法有机结合在一起的一种方法。阳极溶出伏安法过程很简单：将还原电位施加于工作电极，当电极电位超过某种金属离子的析出电位时，溶液中被分析的金属离子还原为金属并被电镀于工作电极表面，电位施加时间越长，还原出来被电镀于电极表面（称为“沉积”或“积累”过程）的金属越多，当有足够的金属镀于工作电极表面时，向工作电极以恒定速度增加电位（由负向正电位方向），金属将在电极上溶出（氧化）。对于给定电解质溶液和电极，每种金属都有特定的氧化或溶出反应电压，该过程释放出的电子形成峰值电流。测量该电流并记录相应电位，根据氧化发生的电位值来识别金属种类，并通过它们氧化电位的差异同时测量多种金属。样品离子浓度的计算，是通过计算电流峰高或者面积并且与相同条件下的标准溶液相比较得出。

阳极溶出伏安法使得样品中很低浓度的金属都能够被快速检测出来，并有良好精密度。先将被测物质通过阴极还原富集在一个固定的微电极上，富集是一个控制阴极电位的电解过程。富集因数被定义为被测物质电积到汞电极中的汞齐浓度 c_H 与被测物质在溶液中的原始浓度 c 之比，即

$$k = c_H / c = V_X / V_H \quad (2-29)$$

式中：V_X 为溶液体积；V_H 为汞电极体积。

用于电解富集的电极有悬汞电极、汞膜电极和固体电极。汞膜电极表面积大，同样的汞量做成厚度为20～10 000nm的汞膜，其表面积比悬汞电极大得多，电积效率高。因此，汞膜电极溶出峰尖锐，分辨能力高，灵敏度比悬汞电极高出1～2个数量级。测定Ag、Au、Hg时须用固体电极。Ag、Au、Pt、C等常用作固体电极，缺点是电极面积与电积金属的活性可能发生连续变化，表面氧化层的形成影响测定的再现性。

阳极溶出伏安法最大的优点是灵敏度非常高，检出限可达 10^{-12}mol/L，测定精度良好，能同时进行多组分测定，且不需要贵重仪器，是很有用的高灵敏分析方法。

第三章　园林景观种植设计

第一节　园林植物种植设计基础知识

一、种植设计的意义

（一）植物的作用

（1）可以改善小气候和保持水土。

（2）利用植物创造一定的视线条件可增强空间感、提高视觉和空间序列质量，安排视线主要有两种情况，即引导与遮挡。视线的引导与遮挡实际上又可看作为景物的藏与露。将植物材料组织起来可形成不同的空间，如形成围合空间，增加向心和焦点作用或形成只有地和顶两层界面的空透空间；按行列构成狭长的带状过渡空间。

（3）具有丰富过渡或零碎的空间、增加尺度感、丰富建筑立面、软化过于生硬的建筑轮廓的作用等。城市中的一些零碎地，如街角、路侧不规则的小块地，特别适合于用植物材料来填充，充分发挥其灵活的特点。

（4）做主景、背景和季相景色。

（二）植物造景的含义

园林植物种植也称植物造景，是指应用乔木、灌木、藤本植物及草本植物来创造景观，充分发挥植物本身形体、线条、色彩等自然美，配植成美丽动人的画面。

二、植物景观与生态设计

（一）生态设计的概念

一般来说，任何与生态过程相协调，尽量使其对环境的破坏影响达到最小的设计形式都称为生态设计，这种协调意味着：设计要尊重物种多样性，减少对资源的剥夺，保持营养和水循环，维持植物生境和动物栖息地的质量，以有助于改善生态系统及人居环境。生态设计的核心内容是“人与自然和谐发展”。

（二）生态设计的发展

早期国外的绿化，植物景观多半是规则式。植物被整形修剪成各种几何形体及鸟兽形体，以体现植物也服从人们的意志，当然，在总体布局上，这些规则式植物景观与规则式建筑的线条、外形，乃至体量较协调一致。随着城市环境的不断恶化，以研究人类与自然的和谐发展、相互动态平衡为出发点的生态设计思想开始形成并迅速发展。

生态设计已成为我国现代园林进行可持续发展的根本出路。园林的生态设计就是要使园林植物在城市环境中合理再生、增加积蓄和持续利用，形成城市生态系统的自然调节能力，起着改善城市环境、维护生态平衡、保证城市可持续发展的主导和积极作用，使人、城市和自然形成一个相互依存、相互影响的良好生态系统。

（三）生态园林的概念

生态园林就是以植物造景为主，建立以木本植物为骨干的生物群落，因地制宜地将乔木、灌木、藤本、草本植物相互配置在一个群落中，有层次感、厚度感、色彩感，使具有不同生物特性的植物各得其所，从而充分利用阳光、空气、土地、肥力，构成一个和谐、有序、稳定、能长期共存的复层混交的立体植物群落，发挥净化空气、调节温度与湿度、杀菌除尘、吸收有害气体、防风固沙、水土保持等生态功能。

（四）生态园林的应用

1．植物配置

应用生态园林的原理，根据植物生理、生态指标及园林美学知识，进行植物配置。首先，乔灌花草合理结合，将植物配置成高、中、低 3 个层次，体现植物的层次性、多样性、功能性；其次，充分了解植物生理和生态习性，在植物配植时，应做到植物四季有景和三季有花：最后，要运用观形植物、观花植物、观色叶植物、观赏植物等，从而形成植物多样性、生物多样性。

2．物质、能量的循环

应用生态经济学原理，在多层次人工植物群落中，通过植物与微生物之间的代谢作用，实现无废物循环生产；通过不同深浅的地下根，来净化土壤和增强肥力，吸收空气中的CO_2，如以豆科植物的根瘤菌改造土壤结构和增加土壤肥力，通过在群落中适当种植女贞、槐树等蜜源植物，增加天敌数量，从而减少对危害性大的害虫的控制，以达到利用天敌昆虫、鸟类、动物等防治害虫，以生物治虫为主，尽量少用化学药剂防虫，使环境不受药剂的污染。

3．景观效果

应用生态园林的原理，在人工植物群落中，景观应该体现出科学与艺术的结合与和谐。只有同园林美学相融合，我们才能从整体上更好地体现出植物的群落美，并在维护这种整体美的前提下，适当利用造景的其他要素，来展现园林景观的丰富内涵，从而使它源于自然而又高于自然。

4．绿地利用

应用生态园林原理，设计多层结构，在乔木下面配置耐阴的灌木和地被，构成复层混交的人工群落，以得到最大的叶面积总和，取得最佳的生态效果。

三、园林植物种植设计与生态学原理

（一）环境分析

1．环境分析与植物生态习性

环境是指在某地段上影响植物发生、发展的全部因素的总和，包括无机因素（光、水、土壤、大气、地形等）和有机因素（动物、其他植物、微生物及人类）。这些因素错综复杂地交织在一起，构成了植物生存的环境条件，并直接或间接地影响着植物的生存和发展。

环境分析在植物生态学上是指从植物个体的角度去研究植物与环境的关系。从环境分析出来的因素称为环境因子，而在环境因子中对园林植物起作用的因子称为生态因子，其中包括：气候因子、土壤因子、生物因子、地形因子。对植物起决定性作用的生态因子，称为主导因子，如橡胶是热带雨林的植物，其主导因子是高温高湿。所有的生态因子构成了生态环境，其中光、温度、空气、水分、土壤等是植物生存不可缺少的必要条件，它们直接影响着植物的生长发育。

生态习性，指某种植物长期生长在某种环境里，受到该环境条件的特定影响，通过新陈代谢，于是在植物的生活过程中就形成了对某些生态因子的特定需要，如仙人掌耐旱不耐寒。有相似生态习性和生态适应性的植物则属于同一个植物生态类型，如水中生长的植物称为水生植物，耐干旱的植物称为旱生植物，强阳光下生长的植物称为阳性植物等。

2．环境分析与种植设计

在园林植物种植设计中，运用植物个体生态学原理，就是要尊重植物的生态习性，对各种环境条件与环境因子进行研究和分析，然后选择应用合理的植物种类，使园林中每一种植物都有各自理想的生活环境，或者将环境对植物的不利影响降到最低，使植物能够正常地生长和发育。

（二）种群分布与生态位

1．种群分布与种植设计

种群是生态学的重要概念之一，是生物群落的基本组成单位，是在一定空间中同种个体的组合。园林植物种群，是指园林中同种植物的个体集合。

种群分布，又称种群的空间格局，是指构成种群的个体在其生活空间中的位置状态或布局。其平面布局形式有随机型（由于个体间互不影响，每一个体出现的机会相等）、均匀型（由于种群个体间竞争）、成群型（由于资源分布不均匀、植物传播种子以母株为扩散中心、动物的社会行为使其结合成群）。

种群的空间格局，决定了自然界植物的分布形式。具体在园林中，植物群落同样呈现出以上3种特定的个体分布形式，就是种植设计的基本形式，即规则式、自然式、混合式。

2．生态位与种植设计

生态位是生态学中的一个重要概念。奥德姆（E. P. Odum）认为物种的生态位不仅决定于它们在哪里生活，而且决定于它们如何生活以及如何受到其他生物的约束。生态位概念不仅包括生物占有的物理空间，还包括它在群落中的功能作用以及它们在温度、湿度、土壤和其他生存条件的环境变化中的位置。

在园林种植设计中，了解生态位的概念，运用生态位理论，模拟自然群落，组建人工群落，合理配置种群，使人工种群更具有稳定性、持久性、可观性。如乔木树种与林下喜阴灌木和地被植物组成的复层植物景观设计，或园林中的密植景观设计，都必须建立种群优势，占据环境资源，排斥非设计性植物（如杂草等），选择竞争性强的植物，采用合理的种植密度，遵循生态位原理。

（三）物种多样性

1．生物多样性

生物多样性，是指生命形式的多样化，各种生命形式之间及所包括的内容其与环境之间的多种相互作用，以及各种生物群落、生态系统及其生境与生态过程的复杂化。一般来讲，生物多样性包括遗传多样性、物种多样性和生态系统多样性。

2．物种多样性

物种多样性，是指多种多样的生物类型及种类，强调物种的变异性，物种多样性代表着物种演化的空间范围和对特定环境的生态适应性。理解和表达一个区域环境物种多样性的特点，一般基于两个方面，即物种的丰富度和物种的相对密度。

（1）物种丰富度

它表示一个种在群落中的个体数目，植物群落中植物种间的个体数量对比关系，可以通过各个种的丰富度来确定。

（2）物种的相对密度

它指样地内某一物种的个体数占全部物种个体数的百分比。

3．植物群落与种植设计

植物群落按其形成可分为自然群落和栽培群落。自然群落是在长期的历史发育过程中，在不同的气候条件及生境条件下自然形成的群落；栽培群落是按人类需要，把同种或异种的植物栽植在一起形成的，用于生产、观赏、改善环境条件等方面，如苗圃、果园、行道树、林荫道、林带等。植物种植设计就是栽培群落的设计，只有遵循自然群落的生长规律，并从丰富多彩的自然群落中借鉴，才能在科学性、艺术性上获得成功。切忌单纯追求艺术效果及刻板的人为要求，不顾植物的生态习性要求，硬凑成一个违反植物自然生长规律的群落。

植物种植设计遵循物种多样性的生态学原理，目的是实现植物群落的稳定性、植物景观的多样性，并为实现区域环境生物多样性奠定基础。如杭州植物园裸子植物区与蔷薇区的水边，设计师选择了最耐水湿的水松植于浅水中，将原产北美沼泽地耐水湿的落羽杉及池杉植于水边，对于较不太耐水湿，又较不耐干旱的水杉植于离水边稍远处，最后补植一些半常绿的墨西哥落羽松，这些树种及其栽植地点的选择是符合植物生态习性要求的，而且极具观赏性。

（四）生态系统

1．城市绿地系统

城市绿地系统是由城市绿地和城市周围各种绿地空间所组成的自然生态系统。城市绿地系统采用点、线、面相结合的艺术手法进行规划，如此以线连点达面，从而形成巨大完整的城市绿地系统，在净化空气、吸收有害气体、杀菌、净化水体和土壤、调节和改善城市气候、降低噪声方面起到重要的作用。

2．城市绿地生态系统与种植设计

（1）利用城市原有的树种、植被、花卉等，本着保护和恢复原始生态环境的原则，按照体现不同城市特点的要求，尽可能协调城市绿地、水体、建筑之间的生态关系，使人居环境可持续发展。

（2）根据城市气候和土壤特征，在进行城市绿地构建时，要适地适树，并考虑其观赏价值、功能价值和经济价值，按乔木、灌木、花草相结合的原则，最大限度地保持生物多样性，从而改善城市生态环境。

（3）切实保护好当地的植物物种，积极引进驯化优良品种，营造丰富的植物景观，增加绿地面积，提高绿地系统的功能，使城市处在一个良好的多样性植物群落之中。

第二节 园林植物种植设计的依据与原则

一、园林植物种植设计依据的3个方面

（一）政策与法规

依据国家、省、市有关的城市总体规划、城市详细规划、城市绿地系统规划、园林绿化法规、园林规划设计规范、园林绿化施工规范等。

（二）场地设计的自然条件

场地设计的自然条件包括气象、植被、土壤、温度、湿度、年降水量、污染情况及人文基础资料等。

（三）总体设计方案

依据总体设计方案布局和创作立意，确定场地的植物种植构思，合理选择植物进行植物配植。

二、种植设计的原则

（一）合理布局，满足功能要求

园林植物种植设计，首先要从园林绿地的性质和主要功能出发。城市园林绿地的功能很多，但就某一绿地而言，有其主要功能有以下五点。

1. 街道绿化

主要功能是遮阴，在解决遮阴的同时，要考虑组织交通、美化市容等。

2. 综合公园

在总体布局时，除了活动设施外，要有集体活动的广场或大草坪作为开敞空间，以及遮阴的乔木，成片的灌木和密林、疏林等。

3. 烈士陵园

多用松柏类常绿植物，以突出庄重、稳重的纪念意境。

4. 工厂绿化

主要功能是防护，绿化以抗性强的乡土树种为主。

5. 医院绿化

主要功能是环境卫生的防护和噪声的隔离，比如在医院周围可种植密林，同时在病房周边应多植花灌木和草花供人休息观赏。

（二）艺术原理的运用

园林植物种植设计同样遵循绘画艺术和造园艺术的基本原则。

1. 统一和变化原则

（1）在树形、色彩、线条、质地及比例方面要有一定的差异和变化，以示多样性。

（2）彼此间有一定相似性、引起统一感。

（3）不要变化太多，防止整体杂乱；不要平铺直叙，因为没有变化，又会导致单调呆板。

应用：运用重复的方法最能体现植物景观的统一感。如行道树绿带设计，同等距离配植同种、同龄乔木，或在乔木下配植同种、同龄花灌木。

2. 调和原则

（1）利用植物的近似性和一致性，体现调和感，或注意植物与周围环境的相互配合与联系，体现调和感，使人产生柔和、平静、舒适和愉悦的美感。

（2）用植物的差异和变化形成对比的效果，产生强烈的刺激感，使人产生兴奋、热烈和奔放的感受。因此，设计师常用对比的手法来突出主题或引人注目。

应用：①立交桥附近，用大片色彩鲜艳的花灌木或花卉组成大色块，方能与之在气魄上相协调；②在学校办公楼前绿化中，以教师形象为主题的雕塑周围配以紫叶桃、红叶李，在色彩上红白相映，又能隐喻桃李满天下，与校园环境十分协调。

3. 均衡原则

（1）色彩浓重、体量大、数量多、质地粗、枝叶茂密的植物种类，给人以重的感觉。

（2）色彩淡、体量小、数量少、质地细、枝叶疏朗的植物种类，给人以轻柔的感觉。

（3）根据周围环境的不同，有对称式均衡和自然式均衡两种。

应用：①对称式均衡常用于庄严的陵园或雄伟的皇家园林中；②自然式均衡常用于自然环境中。如蜿蜒的曲路一侧种植雪松，另一侧配以数量多、单株体最小、成丛的花灌木，以求均衡。

4. 韵律和节奏原则

在种植设计中，节奏就是植物景观简单地重复，连续出现，通过游人的运动而产生美感。

应用：配植时，有规律地变化，就会产生韵律感。如杭州白堤上桃树、柳树间种，非常有韵律，有桃柳依依之感。又如行道树，也是一种有韵律感的植物配植。

（三）植物选择

植物的选择应满足生态要求。

1. 因地制宜、适地适树

具体要求：植物种植设计不但要满足园林绿地的功能及艺术要求，更应考虑到植物本身所需的生态环境，恰当地选择植物。

应用：①例如行道树要选择枝干平展、主干高的树种，以达到遮阴之用，同时考虑到美观、易成活、生长快、耐灰尘等方面的问题；②在墓地的周围，种植具有象征意义的树种，做到因地制宜，适地适树。

2. 创造合适的生态条件

具体要求如下：

（1）要认真考虑植物的生态习性和生长规律，使植物的生态习性与栽培环境的生态条件基本一致；

（2）创造适当的条件，使园林植物能适应环境，各得其所，能够正常生长和发育。

应用：例如百草园，充分利用复层混交的人工群落来解决庇荫问题，在林下种植一些喜阴的植物，又通过地形的改造，挖塘做溪，溪边用石叠岸，再设置水管向上喷雾，保持了空气湿度，这样完美地构成了湿生、岩生、沼生、水生等植物的种植环境，经过这样创造的生态环境条件，就连最难成活的黄连都生长良好。

3. 科学配植，密度适宜

具体要求：植物种植的密度是否合适，直接影响到绿化功能的发挥。从长远考虑，应根据成年树冠大小来决定种植株距。

应用：如在短期内，就能取得较好的绿化效果，可适当密植，将来再移植，要注意常绿树与落叶树、速生树与慢生树、乔木与灌木、木本植物与草本花卉之间的搭配，同时还要注意植物之间相互和谐，要过渡自然，避免生硬。

4. 种类多样，兼顾季相变化

具体要求：一年四季气候变化，使植物的形、枝、叶等产生了不同变化，这种随季节变化而产生植物周期性的貌相，称为季相。植物的季相变化是园林中的重要景观之一。

应用：在种植设计中，应该做到植物种类丰富，并且使每个季节都有代表性的植物或特色景观可欣赏，讲究春花、夏叶、秋实、冬干，合理种植，做到四季有景，利用植物的季相变化，使人们由景观的变化而联想到时间的推移。

三、种植设计的一般技法

（一）色彩

在种植设计中的应用：①色彩起到突出植物的尺度和形态的作用；②浅绿色植物能使一个空间产生明亮、轻快感，在视觉上除有飘离观赏者的感觉外，同时给人欢欣、愉快和兴奋感；③在处理设计所需要色彩时，应以中间绿色为主，其他色调为辅。

设计应用注意的问题如下：

①忌杂，不同色度的绿色植物，不宜过多、过碎地布置在总体中；②应小心地使用一些特殊的色彩，诸如青铜色、紫色等，长久刺激会令人不快；③不要使重要的颜色远离观赏者，任何颜色都会由于光影逐渐混合，在构图中出现与愿望相反的混浊；④色彩分层配置中要多用对比，这样才能发挥花木的色彩效果。

（二）芳香

在种植设计中的应用如下：

①布置芳香园，编排好香花植物的开花物候期；②建植物保健绿地，配植分泌杀菌素植物，如侧柏、雪松等。

设计应用注意的问题如下：

①注意功能性问题；②注意香气的搭配；③注意控制香气的浓度。

（三）姿态

在种植设计中的应用如下：

①增加或减弱地形起伏；②不同姿态的植物经过妥善的种植与安排，可以产生韵律感、层次感；③姿态巧妙利用能创造出有意味的园林形式；④特殊姿态植物的单株种植可以成为庭园和园林局部中心景物，形成独立观赏设计。

应用注意的问题如下：

①简单化，种类不宜太多，或为同一种姿态植物的大量应用；②有意味，非规则对称的、出人意料的、非正常生长的植物姿态的利用常常使景观有较强的艺术吸引力；③有秩序，姿态组合有韵律、节奏、均衡等；④模拟自然、高于自然。

（四）质感

在种植设计中的应用如下：

①粗质感植物可在景观设计中作为焦点，以吸引观赏者的注意力；②中质感植物往往充当粗质型和细质型植物的过渡成分，将整个布局中的各个部分连接成一个统一的整体；③细质感植物轮廓清晰，外观文雅而密实，宜用作背景材料，以展示整齐、清晰规则的特殊氛围。

设计应用注意的问题如下：

①根据空间大小选用不同质感的植物；②不同质感的植物过渡要自然，比例合适；③善于利用质感的对比来创造重点；④均衡地使用不同质感类型的植物；⑤在质感的选取和使用上必须结合植物的特性。

（五）体量

①重量感。大型植物往往显得高大、挺拔、稳重；中型植物姿态各异，会因姿态不同给人不同的重量感觉；小型植物由于没有体量优势，而且在人的视线之下，通常不容易引起人们的关注，几乎无重量感可言。②可变性。主要随着年龄的增长而发生变化，还有不同季节所呈现的体量也不同，落叶后体量相对变小。

设计应用注意的问题如下：

①围合空间，大型乔木从顶面和垂直面上封闭空间，中型的高灌木好比一堵墙，垂直形成一个个竖向空间，顶部开敞，有极强的向上趋向性，小型植物可以暗示空间边缘；②遮阴作用，大型乔木庞大的树冠在景观中被用来提供阴凉，种植于空间或楼房建筑的西南面、西面或西北面；③防护作用，大型乔木在园林中可遮挡建筑物西北的日晒，同时还能起阻挡西北风的作用。

第三节　园林植物种植设计基本形式与类型

一、种植设计基本形式

园林的平面布局有规则式、自然式、混合式，从而决定了植物种植设计基本形式也如此。园林植物种植设计的基本形式主要有规则式种植、自然式种植、混合式种植。具体要求有以下三方面。

（一）规则式种植

平面布局以规则为主的行列式、对称式，树木以整形修剪为主的绿篱和模纹景观；花卉以图案为主的花坛、花带，草坪以平整为主并具有规则的几何形体。

规则式种植一般用于气氛较严肃的纪念性园林或有对称轴线的广场、建筑庭园中。

（二）自然式种植

平面布局没有明显的对称轴线，植物不能成行成列地栽植，种植形式比较活泼自然。树木不做任何修剪，自然生长为主，以追求自然界的植物群落之美，植物种植以孤植、丛植、群植、林植为主要形式。自然式种植一般用于有山、有水、有地形起伏的自然式的园林环境中。

（三）混合式种植

平面布局以自然式和规则式相互交错组合。混合式种植一般在地形较复杂的丘陵、山谷、洼地处采用自然式种植，在建筑附近、人口两侧采用规则式种植。

（1）规则式种植给人庄严、雄伟、整齐之感。

（2）自然式种植给人清幽、雅致、含蓄之感。

（3）混合式种植集规则式种植、自然式种植优点于一身，既有自然美，又有人工美。

二、园林植物种植设计类型

（一）按园林植物应用类型分类

1. 乔灌木的种植设计

在园林植物的种植设计中，乔木、灌木是园林绿化的骨干植物，所占的比重较大。在植物造景方面，乔木往往成为园林中的主景，如界定空间、提供绿荫、调节气候等，灌木供人观花、观果、观叶、观形等，它与乔木有机配置，使植物景观有层次感，形成丰富的天际轮廓线。

2．花卉的种植设计

花卉的种植设计是指利用姿态优美、花色艳丽、具有观赏价值的草本和木本植物进行植物造景，以表现花卉的群体色彩美、图案装饰美、烘托气氛等作用。主要包括花坛设计、花境设计、花台设计、花丛设计、花池设计等。

3．草坪的种植设计

草坪是指用多年生矮小草本植物密植，并经人工修剪成平整的人工草地。草坪，好比是绿地的底色，对于绿地中的植物、山石、建筑物、道路广场等起着衬托的作用，能把一组一组的园林景观统一协调起来，使园林具有优美的艺术效果，此外还具有为游憩提供场地、使空气清洁、降温增湿的作用。

（二）按植物生境分类

1．陆地种植设计

大多数园林植物都是在陆地生境中生存的，种类繁多。园林陆地生境的地形有山地、坡地和平地 3 种。山地多用山野味比较浓的乔木、灌木；坡地利用地形的起伏变化，植以灌木丛、树木地被和缓坡草地；平地宜做花坛、草坪、花境、树丛、树林等。

2．水体种植设计

水体种植设计主要是指湖、水池、溪涧、泉、河、堤、岛等处的植物造景。水体植物不仅增添了水面空间的层次，丰富了水面空间的色彩，而且水中、水边植物的姿态、色彩所形成的倒影，均加强了水体的美感，丰富了园林水体景观内容，给人以幽静含蓄、色彩柔和之感。

（三）按植物应用空间环境分类

1．建筑室外环境的种植设计

建筑室外环境的植物种类多、面积大，并直接受阳光、土壤、水分的影响，设计时不仅考虑植物本身的自然生态环境因素，而且还要考虑它与建筑的协调，做到使园林建筑主题更加突出。

2．建筑室内的种植设计

室内植物造景是将自然界的植物引入居室、客厅、书房、办公室等建筑空间的一种手段。室内的植物造景必须选择耐阴植物，并给予特殊的养护与管理，要合理设计与布局，并考虑采光、通风、水分、土壤等环境因子对植物的影响，做到既有利于植物的正常生长，又能起到绿化作用。

3．屋顶种植设计

屋顶的生态环境与地面相比有很大差别，无论是风力上、温度上，还是土壤条件上均对植物的生长产生了一定影响，因此在植物的选择上，应该仔细考虑以上因素，要选择那些耐干旱、适应性强、抗风力强的树种。在屋顶的种植设计中，应根据不同植物生存所必需的土层厚度，尽可能满足植物生长基本需要，一般植物的最小土层厚度是：草本（主要是草坪、草花等）为15cm；小灌木为25～35cm；大灌木为40～45cm；小乔木为55～60cm；大乔木浅根系为90～100cm，深根系为125～150cm。

第四节 各类植物景观种植设计

一、树列与行道树设计

（一）树列设计

1．树列设计形式

树列也称列植，就是沿直线（或者曲线）呈线性的排列种植。树列的设计形式一般有两种，即一致性排列和穿插性排列两种。一致性排列是指用同种同龄的树种进行简单的重复排列，具有极强的导向性，但给人以呆板、单调乏味之感；穿插性排列是指用两种以上的树木进行相间排列，具有高低层次和韵律的变化，但是如果树种超过3种，则会显得杂乱无章。

2．树种选择

选择树冠体形比较整齐、耐修剪、树干高、抗病虫害的树种，而不选择枝叶稀疏、树冠体形不端正的树种。树列的株行距，取决于树种的特点，一般乔木3～8m，甚至更大，而灌木为1～5m，过密则成了绿篱。

3．树列的应用

树列，可用于自然式园林的局部或规则式园林，如广场、道路两边、分车绿带、滨河绿带、办公楼前绿化等，行道树是常见的树列景观之一。

（二）行道树设计

行道树是有规律地在道路两侧种植乔木，用以遮阴而形成的绿带，是街道绿化最普遍、最常见的一种形式。

1．设计形式

行道树种植形式有很多，常用的有树池式和树带式两种。

（1）树池式

它是指在人行道上设计几何形的种植池，用来种植行道树，经常用于人流量大或路面狭窄的街道上。由于树池的占地面积比较小，因此可留出较多的铺装面积来满足交通的需要。形状有正方形、长方形、圆形，正方形以1.5m×1.5m为宜，最小不小于1m×1m，长方形树池以1.2m×2.0m为宜，长短边之比不超过1∶2；圆形直径则不小于1.5m，行道树的栽植位置一般位于树池的几何中心。

（2）树带式

它是指在人行道和非机动车道之间以及非机动车道和机动车道之间，留出一条不加铺装的种植带。种植带的宽度因道路红线而定，但最小不得小于1.5m，可以种植一行乔木或乔、灌木间种。当种植带较宽时，可种植两行或多行乔木，同时为丰富道路景观，可在树带中间种植灌木、花卉或用绿篱加以围合。

2．树种选择

行道树的根系只能在限定的范围内生长，加之城市尘土及有害气体的危害，机械和人为的损伤，因此，对于行道树的选择要求比较严格，一般选择适应性强、易成活、树姿端正、体形优美、叶色富于季相变化、无飞絮、耐修剪、不带刺、遮阴效果好、对水肥要求不高、病虫害少、浅根系的乡土树种。

3．设计距离

行道树设计必须考虑树木之间，树木与建筑物、构筑物之间，植物与地下管道线及地下构筑物之间，树木与架空线路之间的距离，使树木既能充分生长，又不妨碍建筑设施的安全。行道树的株距以成年树冠郁闭效果为最好，多用5m的株距，一些高的乔木，也用6～8m的株距，有时也采取密植的办法，以便在近期取得较好的绿化效果，树木长大后可间伐抽稀，定植到5～6m为宜。

4．安全视距

为了保证行车安全，在道路交叉口必须留出一定的安全距离，使司机在这段距离内能看到侧面道路上的车辆，并有充分刹车和停车的时间而不致发生事件。这种从发觉对方汽车并立即刹车而能够停车的距离，称为“安全视距”。根据两条相交道路的两个最短视距，可在交叉口转弯处绘出一个三角形，称为“视距三角形”。在此三角区内不能有建筑物、杆柱、树木等遮蔽司机视线，即便是绿化，植物的高度不能超过0.7m。

二、孤景树与对植设计

（一）孤景树设计

孤景树也称孤植树，是指乔木孤立种植的一种形式，主要表现个体美。孤景树并非只种一棵树，有时为了构图需要，以增强其雄伟的感觉，常用两株或三株同种树紧密地种在一起（一般以成年树为准，种植距离在1.5m左右为宜），以形成一个单元，远看和单株植物效果相同。

1. 孤景树的作用

孤景树的作用有观赏性、纪念性、标志性。首先，是园林构图艺术上的需要，给人以雄伟挺拔、繁茂深厚的艺术感染，或给人以绚丽缤纷、暗香浮动的美感；其次，是孤景树可以起到庇荫之用。

2. 树种的选择

孤景树应选择那些具有枝条开展、姿态优美、轮廓富于变化、生长旺盛、成荫效果好、花繁叶茂等特点的树种，常用的有雪松、油松、五针松、白皮松、云杉、白桦、白玉兰、七叶树、红枫、元宝枫、枫香、悬铃木、银杏、麻栎、乌柏、垂柳、鹅掌楸、榕树、朴树等。

3. 孤景树的位置

孤景树是园林植物造景中较为常见的一种形式，其位置的选择主要考虑4个方面。

最好布置在开阔的人工草坪中，一般不宜种植在草坪几何构图中心，应偏于一端，安置在构图的自然重心上，四周要空旷，留有一定观赏视距。

配置在眺望远景的山冈上，既可供游人纳凉、赏景，又能丰富山冈的天际线。

布置在开朗的水边、河畔等，以清澈的水色做背景，游人可以庇荫、观赏远景。

布置在公园铺装广场的边缘、人流较少的区域等地方，可结合具体情况灵活布置。

（二）对植设计

对植是指用两株或两丛相同或相似的树木，按一定的轴线关系左右对称或均衡种植的方式。

1. 对植设计形式

对植设计形式，通常有对称式和均衡式两种。对称式是指采用同种同龄的树木，按对称轴线做对称布置，给人以端庄、严肃之感，常用于规则式植物种植中。均衡式是指种植在中轴线的两侧，采取同一树种（但大小、树姿稍有不同）或不同树种（树姿相似），树木的动势趋向中轴线，其中稍大的树木离中轴线的距离近些，较小的要较远，且两树种植点的连线与中轴线不成直角，也可在数量上有所变化，比如左侧是株大树，右侧是同种两株小树，给人以生动活泼之感，常用于自然式植物种植中。

2. 树种的选择

在对植设计中，对树种的选择要求不太严格，无论是乔木，还是灌木，只要树形整齐美观均可采用，对植的树木要在体形、大小、高矮、姿态、色彩等方面与主景和周围环境协调一致。

3. 树种的应用

在园林景观中，对植始终作为配景或夹景，起陪衬和烘托主景的作用，并兼有庇荫和装饰美化的作用，通常用于广场出入口两侧、台阶两侧、建筑物前、桥头、道路两侧以及规则式绿地等。

三、树丛设计

树丛，通常是由两株到十几株同种或不同种树木组合而成的种植类型，主要体现树木的群体美，彼此之间既有统一的联系，又有各自的变化。配植树丛的地面，可以是自然植被、草坪、草花地，也可以配置山石或台地。

（一）树丛设计形式

1. 两株树丛

两株植物的配植既要有协调，又要有对比，如果两株植物的大小、树姿等一致，则显得呆板；如果两株植物差异过大，对比过于强烈，又难于均衡。最好是同一树种，或外观相似的不同树种，并且在大小、树姿、动势等方面有一定程度的差异，这样配植在一起，显得生动活泼，两株一丛，必一俯一仰、一欹一直、一向左一向右、一有根一无根、一平头一锐头、二根一高一下。两株植物的栽植间距应小于两树冠的一半，可以比小的一株的树冠还要小，这样才能成为一个整体。

2．三株树丛

三株植物的配植，最好同为一个树种。如果是两个不同树种，宜同为常绿或落叶，同为乔木或灌木。树种差异不宜过大，一般很少采用三株异种的树丛配置，除非它们的外观极为相似。三株丛植，立面上大小、树姿等要有对比；平面上忌在同一条直线上，也不要按等边三角形栽植，最大的一株和最小的一株靠近组成一组，中等大小的一株稍远为另一组，这两小组在动势上要有呼应、顾盼有情，形成一个不可分割的整体。

3．四株树丛

四株树丛的配植，在树种的选择上，可以为相同的树种（在大小、距离、树姿等方面不同），也可以为两种不同的树种（但要同为乔木、同为灌木），如果3种以上的树种或大小悬殊的乔灌配置在一起，就不宜协调统一，原则上不宜采用。四株树组合，不能种在一条直线上，要分组栽植，但不能两两组合，也不要任意三株成一直线，可分2组或3组，呈3∶1组合（三株较靠近，另一株远离）或2∶1∶1组合（两株一组，另外两株各为一组且相互距离均不等）。如果四株树种相同时，应使最大的和最小的成一组，第二、三位的两株各成一组（2∶1∶1）或者其中一株与最大、最小组合在一起，另一株分离（3∶1），如果四株树种不同时，其中三株为一树种，一株为另一树种，这单独的一株大小应适中，且不能单成一组，而要和另一树种的两株树成一个三株混植的一组，在这一组中，这一株和另外一株靠近，在两小组中，居于中间，不宜靠边。

4．五株树丛

五株树丛可为相同树种（动势、树姿、间距等方面不同），最理想的组合方式为3∶2（最大一株要位于三株的小组中，三株的小组与三株树丛相同，两株的小组与两株树丛相同，两小组要有动势呼应），此外还有4∶1组合（单株的一组，大小最好是第二或第三，两小组要有动势）。也可以为不相同的两个树种，如果是3∶2组合，不宜把同种的三株种在同一单元，而另一树种的两株种在同一单元；如果是4∶1组合，应使同一树种的三株分别植于两个小组中，而另一树种的两株树不宜分离，最好配植在同一组合的小组中，如果分离，则使其中一组置于另一树种的包围之中。

树木的配植，株数越多，则配置越复杂，但有一定的规律可循：孤植和两株丛植是基本方式，而三株是由一株和两株组成，四株则由一株和三株组成，五株可由一株和四株或两株和三株组成，六七株、八九株同样，以此类推。

（二）树丛设计的应用

树丛的应用比较广泛，有做主景的，有做诱导的，有做庇荫的，有做配景的。

做主景的树丛：可配植在人工草坪的中央、水边、河旁、岛上或小山冈上等。

做诱导的树丛：布置在出入口、道路交叉口和弯道上，诱导游人按设计路线欣赏景观。

做庇荫的树丛：通常是高大的乔木。

做配景的树丛：多为灌木。

四、树群设计

群植，即组合栽植，数量在20~30株，主要是体现植物的群体美。

（一）树群设计形式

树群可分为单纯树群和混交树群。单纯树群是指由同一种树木组成，特点是气势大、整体统一，突出量化的个性美。混交树群是指由不同品种的树木组成，特点是层次丰富、接近自然，通常由乔木层、亚乔木层、大灌木层、小灌木层、多年生草本5部分组成，分布原则是：乔木层在中央，四周是亚乔木层，灌木在最外缘，每一部分都要显露出来，以突出观赏特征。

（二）树种的选择

混交树群设计，应从群落的角度出发，乔木层选用姿态优美、林冠线富于变化的阳性树种；亚乔木层选用开花繁茂、叶色美丽的中性树种或稍能耐阴的树种；灌木应以花木为主，多为半阴性或野生树种，草本植被选用多年野生花卉为主，树种一般不超过10种，多会显得繁杂，最好选用1~2种作为基调树种，分布于树群各个部位，同时，还应注意树群的季相变化。

（三）树群的应用

树群在园林中应用广泛。通常布置在有足够距离的开敞场地上，如靠近林缘的草坪、宽广的林中空地、水中小岛屿、宽阔水面的水滨、小山的山坡等地方。树群主立面的前方，至少要在树群高的4倍，树群宽的1.5倍距离上，留出大片空地，以便游人欣赏景色。树群的配植要有疏密，不能成行成列栽植。

五、树林设计

树林也称林植，是指成片、成块大量种植乔灌木，以形成林地和森林景观。树林的设计形式可分为密林和疏林两种。

（一）密林

密林是指郁闭度为0.7～1.0的树林，一般不便于游人活动。密林有单纯密林和混交密林两种。

1. 单纯密林

树种的选择：单纯密林，通常是由一个树种组成的，由于它在园林构图上相对单一，季相变化也不丰富。因此在树木的选择上，应选用那些生长健壮、适应性强、树姿优美等富于观赏特征的乡土树种，比如屿尾松、枫香、毛竹、白皮松、金钱松、水杉等树种。

单纯密林的应用：在园林构图上，树木种植的间距应有疏有密，且疏密自然，同时，还应随着地形的变化，林冠线也随之富于变化，或配植同一树种的孤植树或树丛等，来丰富林缘线的曲折变化，使单纯密林具有雄伟的气氛，给人以波澜壮阔、简洁明快之美感。

2. 混交密林

树种的选择：混交密林是指一个具有多层结构的植物群落，季相变化颇为丰富，景观华丽多彩。在植物的选择上，要特别注重植物对生态因子的要求、乔灌木的比例以及常绿树和落叶树的混交形式。

混交密林的应用：大面积混交密林的植物组合方式多采用片状或带状配置，如果面积较小时，常用小块和点状配置，最好是常绿与落叶树穿插种植，种植间距疏密相宜，如冬天有充足的阳光洒落，夏天有足够的绿荫遮挡。在供游人观赏的林缘部分，其垂直的成层景观要十分突出，但也不宜全部种满，应留有一定的风景透视线，使游人可观赏到林地内幽远之境，如有回归大自然之感，因此可设园路伸入林中。

（1）单纯密林

为了使单纯树种景观丰富，常采用异龄树种加林下草本植被的配置，如种植开花艳丽的耐阴或半耐阴的草本植物。

（2）混交密林

除了满足植物对生态因子的需求外，还要兼顾植物层次和季相变化。

（二）疏林

疏林常与草地结合，因此又称疏林草地，是园林中应用最多的一种形式。

1. 树种选择

疏林在树种的选择上，要选择树姿优美、生长健壮、树冠疏朗开展或具有较高观赏价值的树木，并以落叶树种为多，如合欢、白桦、银杏、枫香、玉兰、鹅掌楸、樱花、桂花、丁香等，林下草地应该选择耐践踏、绿叶期长的草种，以便于人们在上面开展活动。

2. 疏林的应用

疏林树木间距一般为10～20m，以不小于成年树的树冠为准，林间须留出较多的空地，形成草地或草坪，游人在草坪上，可进行多种形式的游乐活动，如观赏景色、看书、摄影、野餐等。

六、林带设计

林带是指数量众多的乔木林、灌木林，一般树种呈带状种植，是列植的扩展种植。

（一）设计形式

林带，多采用规则式种植，也有采用自然式种植。林带与列植的不同在于，林带树木的种植不能成行、成列、等距离地栽植，天际线要起伏变化，多采用乔木、灌木树种结合，而且树种要富于变化，以形成不同的季相景观。

（二）树种的选择

在园林绿地中，一般选用1～2种树木，多为高大的乔木，树冠枝叶繁茂的树种，常用的有水杉、杨树、栾树、刺槐、火炬树、白桦、银杏、桧柏、山核桃、柳杉、池杉、落羽杉、女贞等。

（三）林带的应用

在园林绿地中，林带多应用于周边环境、路边、河滨等地，具有较好的遮阳、除噪、防风、分割空间等作用。

（四）林带的株距

在园林绿地中，林带的株距视树种特性而定，一般为1～6m，窄冠幅的小乔木株距较小，树冠开展的高大乔木则株距较大，总之，以树木成年后树冠能交接为准。

七、植篱设计

植篱是由灌木或小乔木以相等的株行距，栽植成单行或双行，排列紧密的绿带形式。园林绿地中，植篱常用作边界、空间划分、屏障或作为花坛、花境、喷泉、雕塑的背景与基础造景等。

（一）植篱设计形式

1. 按高度划分

根据高度的不同，绿篱可分为矮绿篱、中绿篱、高绿篱和绿墙 4 种。

（1）矮绿篱

绿篱高度在 50cm 以下，人们可不费力地跨过，一般选择株体矮小或枝叶细小、生长缓慢、耐修剪的树种。矮绿篱，具有象征性划分园林空间的作用。

（2）中绿篱

绿篱高度为 50～120cm，人们比较费事才能跨过，这是园林中最常用的绿篱类型，即为人们所说的绿篱。中绿篱，具有分隔园林空间、诱导游人赏景的作用。

（3）高绿篱

绿篱高度为 120～160cm，人们的视线可以通过，但人不能跨过。高绿篱，经常用于园林绿地的空间分隔与防护或者组织交通。

（4）绿墙

绿篱高度在 160cm 以上，人们的视线不能通过，如桧柏、珊瑚树等。绿墙，具有分隔园林空间、阻挡游人视线或做背景的作用。

2. 按功能与观赏要求划分

根据功能与观赏要求的不同，可分为常绿篱、落叶篱、花篱、果篱、刺篱、蔓篱、编篱等。

常绿篱：由常绿树设计而成，是园林运用较多的一种绿篱，常用的有千头柏、大叶黄杨、瓜子黄杨、桧柏、侧柏、雀舌黄杨、蜀桧、楞木、石楠、茶树、香柏、海桐、中山柏、铅笔柏、岁汉松、云杉、珊瑚树、冬青等。

落叶篱：由落叶树组成，东北、华北地区常用，主要有水腊、榆树、丝棉木、紫穗槐、柽柳、雪柳、小叶女贞等。

花篱：由观花树木组成，是园林中较为精美的绿篱。主要有桂花、栀子花、茉莉、六月雪、凌霄、迎春、木槿、麻叶绣球、日本绣线菊、金钟花、珍珠梅、月季、杜鹃、郁李、黄刺玫、棣棠等。

果篱：由观果树木组成，常用的树种有紫珠、小檗、枸骨、火棘、金银木等，为了不影响观赏效果，一般不做过重的修剪。

刺篱：在园林中为了防范之用，常用带刺的植物作为绿篱，常用树种有枸骨、枸橘、花椒、胡颓子、酸枣、玫瑰、蔷薇、云实、柞木、马甲子、刺柏、红皮云杉、黄刺玫、小檗、火棘等。

蔓篱：指设计一定形式的篱架，并用藤蔓植物攀缘其上所形成的绿色篱体景观，主要用来围护和创造特色篱景。常用的植物有常春藤、爬山虎、紫藤、凌霄、三角花、木通、蔷薇、云实、扶芳藤、金银花、牵牛花、香豌豆、月光花、苦瓜等。

编篱：为了增加绿篱防范作用，避免游人或动物穿行，有时把绿篱的枝条编织起来，做成网状或格状式，以此增加绿篱牢固性。常用的植物有木槿、杞柳、紫薇等枝条柔软的树种。

（二）植篱的应用

1．作为防范的边界物

在园林绿地中，用绿篱作为防范的边界，比用构筑物要显得有生机而且美观，它可以组织游人的游览路线，常用的有刺篱、高绿篱、绿墙等。

2．作为规则式园林的区划线

规则式园林中，常以中绿篱作为分界线，以矮绿篱做花境的镶边或做模纹花坛、草坪图案。

3．作为屏障和组织空间

为了减少互相干扰，常用绿篱或绿墙进行分区和屏障视线，以便分隔不同的空间，最好用常绿树组成高于视线的绿墙。如安静休息区和儿童活动区的分隔。

4．作为花境、喷泉、雕塑的背景

在园林景观设计中，经常用常绿树修剪成各种形式的绿墙，作为喷泉和雕塑的背景，其高度要与喷泉和雕塑的高度相称，色彩以选用没有反光的暗色树种为好，作为花境景的绿篱一般为常绿的高绿篱、中绿篱。

5．美化挡土墙

在各种绿地中，为避免挡土墙立面的枯燥，常在挡土墙的前方栽植绿篱，以便把挡土的立面美化起来。

八、花卉造景设计

花卉造景是指利用草本和木本植物，进行组织景点，选择的花卉要开花鲜艳、姿态优美、花香浓郁，主要作用是烘托气氛、丰富园林景观。

（一）花坛设计

花坛是指在具有一定几何轮廓的种植床内，种植各种不同色彩的花卉，从而构成一幅具有鲜艳色彩或华丽纹样的装饰图案以供观赏。主要是表现植物的群体美，而不是植物的个体美。花坛在园林构图中常作为主景或配景。

1．花坛设计形式

（1）独立花坛

它具有几何轮廓，作为园林构图的划分而独立存在。根据花坛所表现主题以及所用植物材料的不同，独立花坛可分为花丛花坛、模纹花坛、混合花坛3种形式。独立花坛的平面一般具有对称的几何形状，有单面对称的，也有多面对称的，其长短的差异不得大于3倍。独立花坛面积不宜太大，若是太大，必须与雕塑、喷泉或树丛等结合布置。常用作园林局部的主景，一般布置在建筑广场的中心、公园出入口的空旷地、大草坪的中央、道路的交叉口等处。

花丛花坛又称盛花花坛，以观花草本花卉盛开时，花卉本身华丽的群体美为表现主题，设计时以花卉的色彩为主，图案为辅，选用的花卉必须开花繁茂，在开花时，达到只见花、不见叶的景观效果。

模纹花坛又称毛毡花坛、嵌镶花坛、图案式花坛，采用不同色彩的花卉、观叶植物或花叶兼美的草本植物组成华丽的图案纹样来表现主题。其形式有平面模纹和立体模纹，平面模纹可修剪不同的图案纹样，注重平面及居高俯视效果；立体模纹可修剪成花篮、动物等，注重立面效果。模纹花坛选用的植物要求植株矮小、萌蘖性强、枝密叶细、耐修剪，五色堇等为常用。

混合花坛是花丛花坛和模纹花坛的混合，通常兼有华丽的色彩和精美的图案纹样，观赏价值较高。

（2）组合花坛

它由多个个体花坛组成一个不可分割的园林构图整体，有的呈轴对称，有的呈中心对称，在构图中心上，可以设计一个花坛，也可以设计喷泉、水池、雕塑、纪念碑或铺装场地等。多用于较大的规则式园林绿地空间、大型广场、公共建筑设施前。组合花坛的个体之间地面一般铺装，可以设置坐凳、坐椅或直接将花坛的植床壁设计成坐凳，人们既可以休息，又可以观赏景色。

（3）带状花坛

带状花坛是指设计宽度在1m以上，长比宽大3倍以上的长方形花坛。在连续的园林景观构图中，常作为主体景观来运用，具有较好的环境装饰美化效果和视觉导向作用，如在道路两侧、规则式草坪、建筑广场边缘、建筑物墙基等处均可设计带状花坛。

花坛的类型不止以上介绍的几种，还有连续花坛群、沉床花坛、浮水花坛等。

2. 花坛的设计原则

（1）花坛的布置要与周围的环境求得统一

花坛的布置一定要与周围的环境联系起来，比如，自然式的园林不宜用几何轮廓的独立花坛，作为主景的花坛，要做得突出一些，作为配景用的花坛要起到烘托主景的作用，不宜喧宾夺主，布置在广场上的花坛，面积要与广场成一定的比例，并注意交通功能上的要求。

（2）植物选择要因其类型和观赏时期的不同而异

花坛是以色彩、图案构图为主，选用1～2年生草本花卉，很少用木本植物和观叶植物。花丛花坛要求开花一致，花序高矮规格一致，模纹花坛以表现图案为主，最好用生长缓慢的多年生观叶植物。花坛用花宜选择株形整齐，具有多花性、花期长、花色鲜明、耐干燥、抗病虫害特征的品种，常用的有金鱼草、雏菊、翠菊、鸡冠花、石竹、矮牵牛、一串红、万寿菊、三色堇、百日草等。

（3）主题鲜明，注重美学，突出文化性

主题是造景思想的体现，是神韵之所在，特别是作为主景的花坛更应该充分体现其主题功能和目的，同时从花坛的形式、色彩、风格等方面都要遵循美学原则，展示文化内涵。

（二）花境设计

花境是以多年生草本花卉为主组成的带状景观，既要表现植物个体的自然美，又要注重植物自然组合的整体美，它是园林从规则式构图到自然式构图的一种过渡。平面形式与带状花坛相似，外轮廓较为规整，内部花卉可自由灵活布置。

1. 花境设计形式

花境的设计形式有单面欣赏和双面欣赏两种。

（1）单面欣赏的花境

花卉配置成一斜面，低矮的种在前面，高的种在后面，以建筑或绿篱作为背景，它的高度可以超过游人的视线，但是也不能超过太多。设计宽度为2～4m，一般布置在道路两侧、建筑、草坪的四周。

（2）双面欣赏的花境

花卉植株低矮的种在两边，高的种在中间，但中间花卉高度不宜超过游人视线，因此，可供游人两面观赏，无需背景。一般布置在道路、广场、草地的中央等。

2. 花境的应用

花境在园林中应用的形式很多，常用的有5种形式。

（1）以绿篱为背景的花境

沿着园路边，设计一列单面欣赏的花境，花境的后面以绿篱为背景，绿篱以花境为点缀，不仅可弥补绿篱的单调，而且可构成绝妙的一景，使两者相得益彰。

（2）与花架、游廊配合布置的花境

沿花架、游廊的建筑基台来布置花境，极大地丰富了园林景观，同时还可在花境的一侧设置园路，游人在园路上就可欣赏到景色。

（3）布置在建筑物墙边缘的花境

建筑物墙体与地面相交的部分，过于生硬，缺少过渡，一般采用单面欣赏花境来缓和，从而使建筑物与地面环境取得协调，植物的高度宜控制在窗台以下。

（4）布置在道路上的花境

在园林设计中，道路上的花境常用的布置形式有两种：一是在道路中央布置双面观赏的花境；二是在道路两侧分别布置单面欣赏的花境，并使两列花境向中轴线集中，成为一个完整的园林构图，给人以美的享受。

（5）布置在围墙边和挡土墙前方的花镜

围墙和挡土墙立面单调，为了绿化墙面，利用藤本植物作为基础种植，在围墙边的花境的前方布置单面欣赏的花境，墙面成为花境的背景。

（三）花台、花池与花丛设计

1. 花台设计

花台种植床较高，一般为40～100cm，适合近距离观赏，以表现花卉的姿态、芳香、花色等综合美，在园林景观中，经常做主景或配景，布置在大型广场、道路交叉口、建筑入口等。花台形式有规则型和自然型两种，既可设计成单个的花台，又可设计成组合花台。

2. 花池设计

花池的种植床高度和地面相差不多，池缘一般用砖石作为围护，池中种植花木或配置山石小品，是我国传统园林中常用的植物种植形式。

3. 花丛设计

花丛是由3～5株，多则几十株花卉组成，无论是平面还是立面都属于自然式配置。花卉的选择种类不宜过多，间距要疏密有致，同一花丛色彩要有变化。花卉种类的选择，通常选用多年生，且生长健壮的花卉，或选用野生花卉和自播繁衍的1～2年生花卉。常布置在树林外缘或园路小径的两旁、草坪的四周和疏林草地。

九、草坪设计

在园林中，作为开敞空间，为游人进行活动而专门铺设的，并经人工修剪成平整的草地称为草坪。在生态方面，有改善气候、杀菌、减少灰尘、净化空气、降温等作用；在景观方面，以绿地为底色，给人以视线开阔、心胸舒畅之感。

（一）草坪设计形式

草坪的设计形式多种多样，按草坪的作用和用途的不同，可分为游憩性草坪、体育草坪、观赏性草坪和护坡草坪等；按草坪的植物组成不同，可分为纯一草坪、混合草坪和缀花草坪；按草坪的季相特征与生活习性的不同，可分为夏绿草坪、冬绿草坪和常绿草坪；按设计形式的不同，可分为规则式草坪、自然式草坪。

（二）草坪植物选择

草坪植物的选择，要根据草坪的形式而定。

1. 游憩和体育草坪

选择耐践踏、耐修剪、适应性强的，如早熟禾、狗牙根、结缕草等。

2. 观赏草坪

要求植株低矮、叶片细小、叶色翠绿且绿叶期长，如天鹅绒草、早熟禾等。

3. 护坡草坪

要求根系发达、适应性强、耐干旱，如结缕草、白三叶、假俭草等。

（三）草坪的应用

在园林设计中，草坪的应用比较广泛，主要有3个方面。

1. 结合树木，划分空间

草坪具有开阔性的空间景观，最适用于面积较大的集中绿地，在植物配植上，选用树形高耸、树冠庞大的树种，配置在宽阔的草坪边缘，草坪中间则不配植层过多的树丛，树种要单纯，林冠线要整齐，边缘树丛要前后错落，这样才能显出一定的深度。

2. 作为地被，覆盖地面

在园林中，绿化以不露黄土为主，几乎所有的空地都可设置草坪，可以有效地防止水土流失和尘土飞扬，同时创造绿毯般的空间，丰富了人的视野，给人以生机和力量。

3. 结合地形，组织景观

平地和缓坡设计游憩草坪；陡坡设计护坡草坪；山地设计树林景观；水边注意间隔延伸，起伏的草坪从山脚延伸到水边。

十、水体植物种植设计平地中的游憩性草坪

水是园林的灵魂，给人以清澈、亲切、柔美的感觉。园林中各类水体，无论在园林中是主景，还是配景，无一不借助植物来丰富水体的景观，通过水生植物对水体的点缀，犹如锦上添花，使景观更加绚丽。

（一）水生植物种植设计

水生植物种植设计，主要从4个方面考虑。

1. 疏密有致、若断若续、不宜过满

水中的植物布置不宜太满，应留出一定面积的活泼水面，使周围景物在水中产生倒影，形成一种虚幻的境域，丰富园林景观，否则，会造成水面拥挤，不能追求景观倒影而

失去水体特有的景观效果，也不能沿水面四周种满一圈，那样会显得单调、呆板，一般较小的水面，植物所占的面积不超过1/3。

2. 植物种类、配植方式要因水体大小而异

若水池较小，可种一种水生植物；若水池较大，可考虑结合生产，选择不同的水生植物混植，除满足植物生态要求外，构图时要做到层次分明，植物的姿态、高矮、叶色等方面的对比调和要尽量考虑周全。

3. 植物选择要充分考虑植物的生态习性

水生植物按生态列性的不同，可分为沼生植物、漂浮植物、浮生植物3类。沼生植物根生于泥中，植株直立，挺出水面，一般生长在水深不超过1m的浅水区，如荷花、芦苇、慈姑、千屈菜等；漂浮植物在深水、浅水中都能生长，并且繁殖迅速，有一定经济价值，如水浮莲、浮萍等；浮生植物种在浅水或稍深的水面上，根生于泥中，茎不挺出水面，又有叶、花浮于水面上，如睡莲等。

4. 安装设施、控制生长

水生植物生长迅速，如果不加以控制，很快就会在水面上蔓延，从而影响整个景观效果，为了控制水生植物的生长，常须在水下安置一些设施。如种植面积大，可用耐水湿的建筑材料砌筑种植床，这样可以控制其生长范围；如水池较小，一般设砖石或混凝土支墩，用盆栽植水生植物，放在支墩上，如水浅时可以不用支墩。

（二）水体驳岸边种植设计

水体驳岸边植物配植，不但能使岸边与水面融为一体，又对水面的空间景观起主导作用。

1. 土岸边的植物种植

自然土岸边的植物配植最忌等距离，用同一树种、同样大小，甚至整形修剪，绕岸四周栽一圈，应该结合地形、道路、岸线来配植，做到有近有远、有疏有密、若断若续、自然有趣，岸边植以大量花灌木、树丛及姿态优美的孤植树，尤其是变色叶的树木，做到四季有景。

2. 石岸边的植物种植

石岸有自然式石岸和规则式石岸两种。自然式石岸线条丰富，配以优美的植物线条及色彩可增添景色与趣味；规则式石岸线条生硬，通常用具有柔软枝条的植物来缓和。例如，苏州拙政园规则式的石岸边种植垂柳和南迎春，细长柔和的柳枝下垂至水面，圆拱形

的南迎春枝条沿着笔直的石岸壁下垂至水面，丰富了生硬的石岸。

十一、攀缘植物种植设计

（一）攀缘植物设计形式

攀缘植物设计的形式有很多，常用的形式有以下四种。

1．廊、柱或架式

利用花廊、花架、柱体等建筑小品作为攀缘植物的依附物来造景，具有美化空间、遮阴等功能，一般选用一种攀缘植物种在边缘地面或种植池中，如果为了丰富植物种类，创造多种花木景观，也可选用几种形态与特性相近的植物。

2．墙面式

为了打破建筑物、构筑物墙面的呆板、生硬，常在建筑物墙基部种植攀缘植物，进行垂直绿化，不仅增添了绿意、显得有生机，而且还能有效地防晒，这是占地面积最小、绿化面积大的一种设计形式。

3．篱垣式

利用篱架、栅栏、铁丝网等作为攀缘植物的依附物来造景。篱垣式既有围护防范作用，又能起到美化环境的作用，因此，园林绿地中各种竹、木篱架、铁栅栏等多采用攀缘植物绿化，从而构成苍翠欲滴、繁花似锦、硕果累累的植物景观。

4．垂帘式

一般用于建筑较高部位，并使植物茎蔓挂于空中，形成垂帘式的植物景观，如遮阳伞、雨篷、阳台、窗台、屋顶边缘等处的绿化。垂帘式种植必须设计种植槽、花台、花箱或进行盆栽。

（二）攀缘植物选择

攀缘植物茎下柔弱纤细，自己不能直立向上生长，必须以某种特殊方式攀附于其他植物或物体上才能正常生长。在园林中，攀缘植物种类有很多，形态习性、观赏价值各有不同。因此，在设计时须根据具体景观功能、生态环境和观赏要求等做出不同的选择。常用的攀缘植物有：紫藤、常春藤、五叶地锦、三叶地锦、葡萄、猕猴桃、南蛇藤、美国凌霄、木香、葛藤、五味子、铁线莲、茑萝、云实、丝瓜、扶芳藤、金银花、牵牛花、藤本月季、蔷薇、络石等。

（三）攀缘植物的应用

攀缘植物是一种垂直绿化植物，其优点在于利用较小土地和空间达到一定程度的绿化效果，人们经常用它来解决城市和某些建筑拥挤，地段狭窄，没有办法栽植乔木、灌木等地的绿化。多用于建筑墙面、花架、廊柱等处的绿化，具有丰富的立面景观。攀缘植物除绿化作用外，其优美的叶形、繁茂的花簇、艳丽的色彩、迷人的芳香及累累的果实等，都具有较高的观赏价值。

园林的生态环境各种各样，不同植物对生态环境要求也不相同，因此，设计时要注意选择合适的攀缘植物，如墙面绿化，向阳面要选择喜光、耐干旱的植物，而背面则要选择耐阴植物；南方多选用喜温树种，北方则必须考虑植物的耐寒能力。

以美化环境为主要种植目的，则要选择具有较高观赏价值的攀缘植物，并注意与攀附的建筑、设施的色彩、风格、高低等配合协调，以取得较好的景观效果。如灰色、白色墙面，选用秋叶红艳的植物就较为理想；如要求有一定彩色效果时，多选用观花植物，如多花蔷薇、三角花、云实、凌霄、紫藤等。

第四章 园林绿化工程生态应用设计

第一节 中心城区绿化工程生态应用设计

一、中心城区生态园林绿地系统人工植物群落的构建

（一）城市人工植物群落的建立与生态环境的关系

植物群落是一定地段上生存的多种植物组合的，是由不同种类的植物组成，并有一定的结构和生产量，构成一定的相互关系。建立城市人工植物群落要符合园林本身生态系统的规律，城市园林本身也是一个生态系统，是在园林空间范围内，绿色植物、人类、益虫害虫、土壤微生物等生物成分与水、气、土、光、热、路面、园林建筑等非生物成分以能量流动和物质循环为纽带构成的相互依存、相互作用的功能单元。在这一功能单元中，植物群落是基础，它具有自我调节能力，这种自我调节能力产生于植物种间的内稳定机制，内稳定机制对环境因子的干扰可以通过自身调节，使之达到新的稳定与平衡。这就是我们提倡建立城市人工植物群落的主要依据。

城市环境中的水、气、土、光、热、路面等非生物成分，对形成人工植物群落关系密切，它既是形成人工植物群的依托条件，又是限制人工植物群落形成的因子。由于植物有自我调节的能力，所以绝大多数的园林植物对城市中的水、气、土、光、热、路面建筑能够适应。但不能忽视城市这个再造环境中某些非生物因子对园林植物生长的影响，如城市污染、道路铺装、地下管网、挖埋修建、交通等均能造成园林植物生长不良，甚至死亡。城区的环境都不利于建成人工植物群落。

（二）城市人工植物群落构建技术

1. 遵循因地制宜、适地适树的原则，建设稳定的人工植物群落

首先，要遵循“适地适树”的生态学原理，选择适应性强的树种。所选的树种不仅是本地带分布多的或经过引种取得成功的树种，同时还应是适应种植立地条件的树种。其次，对树种求全责备是不恰当的，对于已经适应在本市生长的树种不应该轻易否定。适生树种不是全能冠军，应取其长避其短。植物种群由于受地域的限制，有它一定的生态幅度，同一地域的植物种类在生态习性上相近，对当地的环境适应性强，尤其是选择单调的乡土树种建立人工植物群落，适应当地环境能力更强、成活率高、绿化效果快。然而，同一树种在同一城市范围内不同地域，因各种环境因子不同，其表现有时相差甚远。因此，某一区域或地段应选用什么样的树种，应考虑具体的实际情况。要选取在当地易于成活、生长良好，具有适应环境、抗病虫害等特点的植物，充分发挥其绿化、美化的功能。为此，我们在进行树种选择时，必须掌握各树种的生物学特性及其与环境因子（气候、土壤、地形、生物等）的相互关系，尽量选用各地区的乡土树种或适生树种，这样才能取得事半功倍的道路绿化效果。

2. 以乡土树种为主，与外来树种相结合，实现生物多样化和种群稳定性

乡土树种是经过长时期的自然选择留存的植物，反映了区域植被的历史，对本地区各种自然环境条件的适应能力强、易于成活、生长良好、种源多、繁殖快，通常具有较好的适应性，还能体现地方植物特色。乡土树种是构成地方性植生景观的主角，是反映地区性自然生态特征的基调树种，也是植物多样性的就地保存的内容之一。因此，无论从景观因素还是从生态因素上考虑，绿化树种选择都必须优先应用乡土树种。但为了适应城市复杂的生态环境和各种功能要求，如仅限于采用当地树种，就难免有单调不足之感。一些外来树种经过引种驯化后，特别是其原产地的生境与本地区近似的树种，确认其适应性较强的优良树种，也可以引进用来作为绿化树种，乡土树种与外来树种相结合，以丰富树种的选择，满足园林绿化多功能的要求。在绿化中根据园林生态环境和气候特点，不同街道及绿地的立地条件（光、水、土、空间等）、绿化带的性质（分车、人行、路侧防护等）及临街建筑物，合理地选择和种植与之相适应的乡土树种和外来树种，尽可能增强园林生态系统的自我调节能力，实现生物多样化和种群稳定性。

3．以乔木树种为主，乔、灌、花、草、藤并举，建立稳定而多样化的复层结构的人工植物群落

园林绿地是由乔木、灌木和地被植物组织构成的。乔木是园林树木的骨干，它具有良好的改善气候和调节环境的功能。但在树木配植上应考虑形态与空间的组合，使各种不同树木的形态、色调、组织搭配得疏密相间、高低有度，使层次与空间富有变化。因此，在树木配置上，灌木要多于乔木。多层次的林荫道和装饰型绿化街道上，种植灌木也要多于乔木（不包括绿篱）。

生态学原理指出：营养结构越复杂，生态系统越稳定。植物种类多样性导致稳定性，食物链结构越复杂则越稳定。这就要求在绿化建设上向多结构、多层次发展，具有合理的时空结构。在建设人工植物群落时要设计多种植物种类，多结构、多层次布局。要求在层次要素之间的地位和等级差别，在时间和空间位置上要互不影响，各取所需，各得其所，又互为联系。

城市园林绿化的空间是城市中的自然空间。园林植被通过其生理活动所产生的生态效益，是城市园林绿化改善园林生态环境综合功能中的主要功能之一。通过对北京市园林植被大量的测定表明，由乔木、灌木、草坪组成的植物群落，其综合生态效益（释氧固碳、蒸腾吸热、减尘滞尘、减菌、杀菌及减污等）为单一草坪的4～5倍。

当然植物配置的比例也不是一成不变的，在栽植中可根据实际情况适当增减，但总的原则是植物的配置要按照生态学的原理规划设计多层结构，在物种丰富的乔木下栽植耐阴的灌木和地被植物，构成复层混交人工植物群落，做到阴性、阳性植物，常绿、落叶，速生、慢生树木相结合。总之复层结构要求植物种类要多，能够形成多结构、多层次、多品种、多色调的人工植物群落。

现代城市各类绿地中，灌木是不可缺少的，而且比例也在逐渐加大。它们花期较长，有些萌芽早，易繁殖栽培，花姿千奇百态，花期各不相同，且有许多香花植物。在绿化上可根据不同观赏特点和栽培条件适当增加灌木树种数量与种类。

4．在人工群落中要合理安排各类树种及比例

（1）落叶树与常绿树相应搭配

北方园林绿化最基本的要求是“四季常青，三季有花”，这就要从常绿树种与落叶树种比例着手，进行调整。落叶树种能在春夏两季内充分发挥其绿化、观赏效益，而到了秋季开始落叶，冬季成光枝干杈。常绿树种“四季常青”，使冬季不乏绿色，增添春意。无论树种的数量或株数上均占绝对优势。因此，应当增加常绿树种和数量。这对冬季漫长的

北方地区尤为重要。北方城市地处高纬度，冬季较长，入冬之后树叶尽脱，市区环境显得分外萧瑟。为了丰富城市景观，栽植一些常绿树种，与白雪辉映，更能体现出北国风光的壮丽之美。在配置时，常绿树一般最好栽植在公园、绿地、机关、庭院、林荫路等公共绿地，不宜做行道树使用。

（2）速生树与长寿树种兼顾发展

随着现代化建设的高速发展，不仅城市街道马路拓宽改造日新月异，乡镇公路网络也四通八达。国道、省县道路在不断增加，不断拓宽。因此，道路系统绿化任务也在不断增加，并提出新的功能要求。大量新开辟的道路亟须待栽植行道树进行绿化点缀；许多老的道路，由于拓宽后清除了原来的行道树，也须重新栽植设计。速生树种能在短期内发挥效益，是绿化中必不可少的，但这些树种一般寿命短，经过20~30年就要更新，所以必须兼顾培育和栽植长寿树。为此在道路绿化的问题上，就要采用近期与远期结合，速生树种与慢生树种结合的策略措施。在尽快达到夹道绿荫效果的同时，也要考虑长远绿化的要求。

新辟道路往往希望早日绿树成荫，可采用速生树种如刺槐、柳树、杨树、臭椿等，但这些树种长到一定时期后，易于衰退、树冠不整、病虫滋生，砍伐后，形成一段时期绿化的空白。如我们能从长远效果考虑，在选用行道树时，在速生树种中间植银杏、国槐、紫椴等长寿树种，则在速生树种淘汰后，慢生长寿树种长大，继续发挥绿荫效果，避免脱节。

园林绿化是百年大计，应有长远打算，新中国建立初期为了加速实现城市的普遍绿化，大量栽植速生树种是完全适宜的。如今进入改造、提高阶段，则应考虑种植珍贵的长寿树种（即慢生树），以提高绿化的效益，主要干道、风景点、公园和永久性绿地、公共建筑庭院等都应栽植较多的长寿珍贵树木，快、慢树的繁殖比例可确定为2：1~3：1，种植时应根据不同的立地环境，因地制宜。

5. 突出市花市树，反映城市地方特色的风貌

一个城市的“市树”“市花”，最能代表城市风貌。在城市中“市树”“市花”要作为基调树种和园林的特色。在城市主要街道、广场、庭院等处应大面积栽植“市花”“市树”，扩大其栽培应用的数量和范围，充分体现突出“市树”的特色位置和地位，形成城市独特的风光和景观。

6. 注意特色表现

树种的生长特性不同，绿化效益也不同，它们以自己特有的姿态，叶、花、果、枝、

干、皮等给人以美的享受。绿化中，也可适当增加种植具有特殊观赏效果的树种，如龙桑、龙爪槐、垂柳等。这些树枝干扭曲，自成曲线，打破了直线条的常规，姿态独特。又如：卫矛的叶、枝奇特；而丝棉木的果更给人以新奇的感觉。“绿色长廊”中，紫藤等被广泛应用，独具特色。三叶地锦、五叶地锦都是垂直绿化的优良材料。应用好这些有特色的树木，能起到锦上添花的效果。

7. 高大荫浓与美化、香化相结合

根据适地适树的原则，有的地方要栽高大荫浓的乔木；而有的条件下要栽植观花为主的亚乔木或灌木；同时有条件的居民区及公共绿地，要考虑香化，栽植一定比例的花味浓香的树种，如玫瑰、黄刺玫、茶藨子、丁香类等。各种浓荫、观花、香化树种要搭配相当，在造景或美化市容上，必能相得益彰、各尽其美。在中小街路可集中栽植某一种观花乔木，形成一街一树、一街一景，间栽长寿树种，改变杨柳“一统天下”的老格局。在整个市区内既有绿荫覆郁地段，也有花繁似锦、色香俱全的绿化效果。

8. 注意人工群落内种间、种群关系，趋利抑弊，合理搭配

要选择适宜植物种群的生态环境，要求植物种群出生率大于死亡率，或者是出产率虽少，但活的年限长、生长长久。选择这样的植物种类建立人工植物群落存活率高、死亡率低，个体增殖快，保持长久，容易形成群落。能达到良好的绿化效果。

注意种群间的协调和稳定，发挥互利作用的使用，如使上层乔木落叶腐烂后成为下层植物的养分，松树和真菌共生形成菌根等。有一些树木生长在一起有互相促进作用，而另一些植物生长在一起，则有相互抑制作用。因此，在植物配置时要做到趋利抑弊，合理搭配。如松与赤杨，锦鸡儿与松树、杨树植在一起均有良好的作用等。

9. 尽量选择经济价值较高的树种

园林绿化树种的生态功能诸如覆荫、净化空气、调节温湿度、吸附尘埃及有害物质、隔离噪声以及美化观赏等，都是构建人工植物群落树种选择时应考虑的重要因素之一。在符合上述条件的前提下，树种本身经济价值的高低，也是选择时应当考虑的。若能在发挥生态效益、观赏效果的前提下，提供优良用材或果实、油料、药材、香料、淀粉、纤维以及饲料、肥料等有用财富的树种，尤其是市郊郊县的行道树种线长、量多，更应考虑经济效益。

在构建人工植物群落时，要运用园林生态理论、园林理论、系统工程方法等为手段，以改善和维护良好的园林生态环境为目标，合理规划布局园林绿地系统，通过绿地点、线、面、垂、嵌、环相结合，建立园林生态绿色网络。通过城市完善的绿地系统的建设，

以良好的生态环境质量提高园林生态位，在建设绿地系统的同时，需要考虑与之相关的其他系统的配置，包括公路网、水网等的匹配。绿化植物的种植依照生态学原理，全面考虑水体、土壤、地形、地质、气候、污染等因素，选择植物种类，以乡土树种为主、外来树种为辅，以乔木树种为主、乔灌花草藤相结合，建立复层结构的各种类型（观赏型、环保型、保健型、科普知识型、生产型、文化环境型）的稳定植物群落。

“四季常绿，三季有花”的绿地格局是园林绿地的最佳形态，事实上，每种植物都有优缺点，植物本身无所谓低劣好坏，关键在于植物配置的合理性、科学性和艺术性以及栽培和养护管理的技术和水平。

二、城市街道绿化

街道人工植物群落，主要包括市区内一类、二类、三类街道两旁绿化和中间分车带的绿化。其目的是给城市居民创造安全、愉快、舒适、优美和卫生的生活环境。在市区内组成一个完整的绿地系统网，不仅给市区居民提供一个良好生活环境的污染。道路绿化还有保护路面，使其免遭烈日暴晒，延长道路使用寿命的作用，还能组织交通，保证行驶安全；美化街景，烘托城市建筑艺术，同时也可利用街道绿化隐蔽有碍观瞻的地段和建筑，使城市面貌显得更加整洁生动、活泼优美。

（一）绿化布局

1. 不同组成部分的布局形式

道路植物群落包括行道树、分车带、中心环岛和林荫带4个组成部分，为充分体现城市的美观大方，不同的道路或同一条道路的不同地段要各有特色。绿化规划与周围环境协调的同时，4个组成部分的布局和植物品种的选择应密切配合，做到景色的相对统一。

（1）行道树

以冠大荫浓的乔木为主，侧重落叶类，夏季可遮阴，冬季可为行人提供天然日光浴。间距5～8m，在有架空线地段，应选择耐修剪的中等株形树种。

（2）分车带

是道路绿化的重点。应结合自身宽度、所处车道性质及有无地下管线进行规划。位于快车道之间的分车带，以草坪和宿根花卉为主，适当配以小型花灌木。位于快、慢车道之间的分车带，宽度为2m以下或有地下管网的，可采用灌草相结合的方式，做灵活多样的大色块规划设计，宽度为4m以上且无地下管网的，除灌草结合外，还可配以小型乔木。

(3) 中心环岛

地处道路交叉点，目的是疏导交通，要求绿化高度在0.7m以下，为使司机和行人能准确地观察到周围环境的变化，可采用小乔木和灌木、花、草结合的方式，进行各种几何图案或变形设计。

(4) 林荫带

以方便居民步行或游憩为前提，参照公园、游园、街头绿地进行乔、灌、草、花的合理优化配置；同时，可布置少量的园林设施，如园路、花架、花坛、园桌、园凳、宣传栏等。

2. 不同道路断面布局形式

道路绿化断面布局形式与道路横断面组成密切相关，城市现有道路断面，多数为一块板、二块板，少数为三块板的基本形式。因此街道的绿化布局形式有一板二带、二板三带、三板四带等布局形式。

一板二带这是最常见的绿化类型，绿带中间板为机动车道，两侧种植行道树。其优点是简单整齐、用地经济、管理方便，但是当行车道过宽时，遮阴、滞尘、隔噪声效果都差，景观也比较单调，这种形式多用在机动车较少的狭窄街道布局。

二板三带就是除在街道两侧人行道上种植行道树外，中间用一条绿化带分隔，把车道分成单向行驶的两条车道。这种布局形式，既可减少一板两带形式机动车碰撞现象，同时对绿化、照明、管线敷设也较为有利，滞尘、消减噪声效果也高于前种，但仍解决不了机动与非机动车辆混合行驶相互干扰的矛盾，这种形式仅在市区二级街道，机动车流量不太大的情况下适用。

三板四带用两条分车绿带把行车道分成三块板，中间为机动车道。两条分车绿带外侧为非机动车道，如沈阳市文化路。中间两条分车绿带，连同道路两侧的行道树共有四条绿带阻隔，可减少噪声、灰尘对两侧住户的影响。人行道两侧行植乔木，其遮阴效果较好，在夏季能使行人感到凉爽舒适、免受日晒。三板四带往往直通郊外，由于道路宽敞，有利于把郊外的新鲜湿气流带到市内，起到疏通气流减弱市中心热岛效应的作用。这种断面布局合理，适用于市区主要街道。同时有利于各种绿化材料的应用及美化街景。

（二）植物配置

1. 一板两带的植物配置

目前国内一板二带绿化树木栽植形式多为两侧各栽一条单行乔木。由于街道狭窄，行道树下通常作为人行道，故而乔木下不栽植花灌木。一般不挖长条树池，而是围绕树的根迹挖成圆形或方形树池。

一板二带在市内三级街道居多，和生活区接近。为了美化市容，净化环境，增强防护效益，一板二带的植物配置应考虑各市行人和行车的遮阴要求，还不要影响交通和路灯照明。

这类街道一般人、车混用，又由于街道狭窄光线不足，要选择半耐阴树种，以形成和谐相称的绿色通道。在两株乔木间，可适当配置耐阴花木或宿根花卉，不经常通机动车的街道可设置花境，以丰富道路景观。住宅小区的街道两侧，可选用开花或叶色富于变化的亚乔木，为街道增色。城市的小巷街道最好栽植落叶树种，以免在葱郁的树冠覆盖下，冬天得不到阳光照射，形成积雪不化、寒气逼人的局面，或给行路造成困难，一般只宜在南北向街道上适当配置常绿树种，临街围墙和围栅要适当栽植些爬藤植物。

2. 二板三带的绿化植物配置

二板三带绿化的条件下，一般路面都比较宽，而人行道一般是在两侧绿带中，因此边带绿化多为栽植双行乔木，两行树间有2～3m的人行道，如南北走向道路边带靠近马路一侧可选择观花、观果或观叶的亚乔木，靠近两边建筑物的一侧可栽植高大荫浓的乔木。这样，站在马路中间观看两侧绿化带，给人以层次感。东西向马路南侧，边行树要尽量选择较耐阴树种，为了不影响南侧靠近路边一行树的生长，两行树木应插空交错栽植。为了美化市容，丰富街景，上层林冠乔木树种要栽得稀疏些，尽量配置成乔、灌、草复合形式，在绿化带较宽的条件下，尽量配植绿篱，显得街道绿化规整、有层次，对消减噪声、滞尘和吸收有害气体均为有利。

中间分车绿带，尽量栽植叶大荫浓的树种，要尽量选择树形整齐，如桧柏、云杉、冷杉等，间栽灌木、剪形灌木或花丛，以免影响交通视线，减弱噪声和吸滞灰尘，还要适当配置绿篱。

3. 三板四带的绿化植物配置

三板四带的街道一般都比较宽敞，如沈阳市文化路宽达60m。中间板即两条分车绿带间是机动车上下行的路线，以分车绿带和外侧的自行车道分开。分车绿带宽4.5m，在绿化植物配置时不必考虑快、慢车碰撞问题，只是在路的交叉口要考虑视线阻挡问题。可以用常绿树和落叶乔、灌木相间配置，但落叶乔木尽量采用观花、观果或观叶的亚乔木。其灌木最好选用不同花期、不同花色的花灌木相间栽植。分车绿带3～4m时可在靠近非机动车道一侧栽植绿篱，而靠近机动车道一侧设置低围栅栏。分车绿带大于4m宽时可在两侧都栽绿篱，这对防尘、消减噪声，保护绿篱内的花灌木和草本花卉正常生长都有好处。在绿篱内空地上适当栽植些草本宿根花卉和草坪植物，整个分车绿带将形成乔、灌、草相配置的形式，既丰富了街道景观，又利于滞尘、消减噪声、吸滞有毒有害气体。在分车绿带较窄的情况下可在围栅或绿篱中间栽植适于剪形的灌木，给人以整齐美观感，又起到交通分车线作用。在剪形灌木中间适当栽植草本花卉，可使街面富于生气。

三板四带街道两侧边带绿化，可采用双行或多行栽植。绿带中间设人行道。在靠近车道一侧最好栽植一行观花或观叶的亚乔木。在靠建筑物的一侧栽植单行、双行或多行乔木。如栽两行以上乔木，最好交错栽植。在树种选择上要尽量选择树形美、寿命长、落叶整齐的树种，树下最好间栽耐阴的花灌木。这样利于滞尘、吸毒、消减交通噪声，使路两侧的居民免受环境污染。如道路是东西走向，其南侧边带最好选用耐阴树种。

在有条件的地方，三板四带的两侧绿带可建成带状绿地，可借用为功能分区的卫生隔离林带。其树种应尽量选择抗污染、滞尘、吸毒、防噪声能力高的。

（三）植物配置原则与要点

在树种搭配上，最好做到深根系树种和浅根系树种各尽其用。如对水分要求，深根系树种比浅根系树种耐旱，在土壤保水力差的地方要多栽耐旱、根系发育旺盛的深根系树种。在土壤保水力比较好的地方或近河岸、湖旁地方可栽浅根系喜湿树种。

喜光树种和较耐阴树种相结合，上层林冠要栽喜光树种，下层林冠可栽庇荫树种。如东西走向街道的南侧，南北走向的街道西侧和街道林带的第二层林冠的亚乔木，第三层林冠的花灌木，应选择下部侧枝生长茂盛、叶色浓绿、叶厚、质密较耐阴的树种。反之，东西走向街道的北侧，南北走向街道的东侧及行道树上层林冠树种，应尽量选择喜光、耐热、耐干旱的树种。

街道绿带在双行或多行栽植情况下，最好是针叶树和阔叶树相结合，常绿树和落叶树相结合，其优点是减少病虫害，增加绿化、美化、净化环境的功能。

木本植物和草本植物相结合，本地植物与外来引进植物（实践证明在本地可安家的树种）相结合，借用所长，补其所短，这样就可避免各树种之间争肥、争光、争水等各种弊病。

要充分考虑各种绿化树种生长发育的自然规律。一般每个树种都要经历或长或短的幼龄、成龄和老龄等几个发育时期。不同树种每个时期长短有很大差异，而且每个树种不同生长发育时期对水、肥、气、热生长要素的竞争能力和对环境的适应能力和自身的形态表现、习性等都不尽相同。一般树木定植后，要求尽可能地相对稳定，因此在配置时对树木生长过程中，各个时期、种间、株间可能产生的矛盾和优势，要加以考虑，顺其自然，合理搭配，使其达到理想效果。

要掌握各树种的观赏特性，选择观赏价值高的用以街道绿化，创造不同的街道景观。树木的冠、干、枝形状，皮色、叶色、果色、果形、果的大小，花期长短，花色、花的大小，以及观花期、观果期树木的整体姿态，随着时间的推移，季节变换而千变万化。如配置得当便可组成优美的构图和奇妙的植物景观，利用不同树种，采用不同的结构配置方式可提供丰富多彩的观赏效果（其观赏特性可参考该树种综合评价的结果）。

随着城市建设发展，园林绿化向着净化、美化、香化发展，对于街道上栽植观花、观果树种更是迫切需要。有的城市提出三季、四季观花，一季观果，一季观叶的目标。就城市来说可以做到三季观花、二季观果、一季观叶、冬季观枝的目标。这就要求今后街道树的配置要做到精心设计，不同环境创造不同景观。如同一花期不同花色树种配置在一起，可构成繁花似锦。还可用多种观花树种把花期不同的树种配置起来，能够获得从春到秋开花连绵不断的效果。

凡是叶稠、枝密、冠底距地面较低的树种，即凡是冠幅大、枝叶繁茂、分枝点距地面低的树种对噪声消减效果均好。旱柳、美青杨、榆树、桑树、复叶槭、梓树、刺槐、山桃、桧柏、皂角对噪声均有较好的消声效果。在交通频繁的街道，近钢铁生产厂区或近大型的机械厂要特别重视选择对噪声消减能力强的树种。在植物配置上最好以乔木、亚乔木、灌木和草坪植物相配置。针、阔混交配置形式冬夏均起到较好的防声效果。绿带两侧最好设置绿篱更有利于防声。

交通干道如果是在污染区与居民区之间穿过，可借用该道绿化起到卫生隔离林带作用。

在树种选择上应根据污染区放出的主要有害气体类型，选栽相应抗该种有害气体能力强且对该种有害气体又有较大的吸滞能力树种。

街道树配置株行距问题街道绿化，一般多采用规则式、行植。其株距与行距的大小，应视树木种类、冠幅大小和需要遮阴郁闭程度而定。在市区一般高大乔木株距为 5 ~ 8m，其行距要视邻行树种大小而定。如果两行都是同一树种，行距一般不小于株距。如两行插空栽植，行距可适当变窄些。中、小乔木的株行距为 3 ~ 5m，大灌木为 2 ~ 3m，小灌木为 1 ~ 2m。具体情况要根据街道宽窄，绿带植物配置及整体布局灵活掌握。

三、行道树选择

（一）行道树选择的重要性

园林绿地系统是园林生态系统的子系统，城市行道树种则是园林绿地系统的重要组成部分，是园林绿化的骨架。行道树是城市园林绿化系统中“线”的重要组成成分，是联系点（大小公园、花园）和面（风景区、居民区等公共绿地）的纽带。由行道树组成的林荫道，作为园林绿地系统的一大类型，以“线”的形式将园林绿化的“点”“面”联结起来而形成绿色网络，对保护和改善园林生态环境、防污除尘、遮阴护路、净化空气、减少噪声、调节气候、美化市容等均有重要作用。因此，如何合理选择行道树种，加强栽培管理，对提高园林绿化水平，并增强其功能均具有重要意义。行道树的选择，能集中反映一个城市的地方园林特色。

（二）行道树选择的原则

大工业城市，人多、车多、灰尘大、污染重，选择树种时应侧重考虑抗逆性、适应性强，能更好地发挥绿化功能的树种，在栽植形式上建议根据自然植物群落形成的原理，采用树种混交及乔、灌、草等复层结构，有条件的地方要营造多行绿化带，绿化观赏效果好。多年的实践经验表明，定向种植以乔灌木为主的多层次结构的植物群落，既可增强绿化效果，又可从根本上控制病虫害的发生和蔓延。在植物种类的选择上应尽可能遵循因地制宜的原则。

城市道路绿化除了考虑吸尘、净化空气、减弱噪声等功能外，最主要是解决两个问题：一是遮阴，降低夏季高温，改善环境小气候；二是美化市容，有利于观瞻。城市行道树的规划不但要符合常规园林绿化的要求和标准，还要满足不同区域不同条件下人们对行道树的需要，也就是说要根据不同功能区的特点对行道树进行区域性选择。

（三）行道树选择的标准

行道树是为了美化、遮阴和防护等在道旁栽植的乔木。行道树是城市街道、乡镇公路、各类园路特定环境栽植的树种，生态条件十分复杂，功能要求也各有差异。行道树种的选择，关系到道路绿化的成败、绿化效果的快慢及绿化效应是否充分发挥等问题。但由于城市街道的环境条件十分严酷，如土壤条件差、空气污染严重、车辆频繁、灰尘大、人为干扰频繁、空中缆线和地下管道障碍等，使得行道树的生存越来越困难。行道树的选择和规划不仅要考虑到人们感观上的需要，还要考虑其是否在改善城市环境污染方面起到积极的作用。因此，现代化城市的行道树树种的选择要兼有观赏价值、生态学价值和经济价值。选择树种时要对各种不同因素应进行综合考虑。现根据城市街道等特定环境对行道树的一般功能要求，确定以下一些标准。

1．树种自身形态特征条件

行道树特别是一、二级街道上层林冠树种，要求树势高大、体形优美、树冠整齐、枝繁叶茂、冠大荫浓、叶色富于季相变化；下层树种花朵艳丽、芳香郁馥、秋色丰富，可以美化环境、庇荫行人。

树木干净，不污染环境。花果无毒、无黏液、无臭气、无毒性、无棘刺、无飞絮，少飞粉，不招惹蚊蝇，落花落果不易伤人，不污染路面，不致造成行车事故。

树干通直挺拔，木材最好可用，生长迅速，寿命长，树姿端正，主干端直，分枝点高（一般要求2.8m或3.5m以上），不妨碍车辆安全行驶。最好是从乡土树种或者常用树种中，选择成活容易的树种。

基本选用落叶树种，根据气候和道路宽度也可选择一些常绿针叶树种。

2．生态适应性和生态功能

（1）适应性强

在各种恶劣的气候和土壤条件下均能生长，对土壤酸碱度范围要求较宽，耐旱、耐寒、耐瘠薄、耐修剪、病虫害少、对管理要求不高。

抗性强，对烟尘、风害、地下管网漏气，房屋、铺装道路较强辐射热，土壤透气性不良等有较强的抗性或吸尘效应高的树种。在北方城市地区，应选择能体现北方城市风光的抗逆性强种类，对城市街道环境的各种不利因素适应性强。

萌生性强、愈合能力强，树木受伤后，能够较快或较好地愈合，耐修剪整形，适于剪成各种形状，可控制其高生长，以免影响空中电缆。

（2）具有乡土特色

要从乡土树种或常用树种中选择繁殖容易和移栽易于成活的树种，并应选择放叶或开花早、落叶晚、绿化效果高、落叶时间集中、便于清扫的树种。

（3）根际无萌蘖和盘根

老根不致凸出地面破坏人行道的地面铺装。

（4）种苗来源丰富

大苗移植易于成活，养护抚育容易，管理费用低。

绿化效果好应选择放叶或开花早、落叶晚、绿化效果高、落叶时间集中、便于清扫的树种。

（四）行道树树种的运用对策

突出城市的基调树种，形成独特的园林绿化风格。行道树是一个城市园林的基本组成部分，是园林绿化的通道。行道树一旦种下，为保持整齐性，调整时须整条进行改造。因此，行道树树种的选择须慎之又慎，在遵从行道树树种选择原则的前提下，应对行道树的树形、抗性及观赏价值进行综合分析，制订行道树种运用的指导性规划，逐步更换一些不适应做行道树的树种，择优选择基调树种和骨干树种，突出风格，形成具有当地风光和特色的城市园林景观。

为了使行道树达到美化和香化的效果，还需要进一步发掘一些大花乔木和香花乔木树种。

树种运用必须符合城市园林的可持续发展原则。为尽快体现行道树的作用和功能，要求行道树生长较快，而在选择树种生长速度的同时又必须考虑树种的寿命。因为速生树种虽然生长迅速，绿化效果快，但速生树种寿命比较短，易衰老。慢生树虽然生长缓慢，但寿命长，能实现绿化的长效性。只有选择长寿的树种，才可让明天有参天大树。因此要综合考虑生长速度和长寿两个因子，以实现城市园林绿化的可持续发展。

注重景观效果，形成多姿多彩的园林绿化景观。随着时代和经济的发展，人们不再满足于只有树荫，而要求树形美观、花果漂亮。行道树的功能主要是为行人庇荫，同时美化街景。所以行道树的运用必须注重其树形、花果、季相的观赏价值，利用植物不同的树形、线条和色彩，形成多姿多彩的园林绿化景观，以达到四季有景、富于变化的效果。

尽量减少行道树的迁移，提倡在新建区或改造区路段植小树。在市政建设尤其是道路改造过程中迁移的树木，大多是生长茂盛的大树。而大树在移植过程中会造成根系的伤害和树皮的损伤，且大树本身重量大，重新种植后恢复慢，抗风能力差。俗话说“十年树木”，树木生长需要一个较长的时间，故应尽量减少行道树的迁移，迫不得已时，也应严格按移植的规范程序操作。

完善配套设施，改变行道树的生长环境。行道树的生长条件相对较差，除了尽量避免各种电线、管道，选择抗瘠薄、耐修剪的行道树种外，还应完善配套设施，努力改善行道树的生长环境。

建立行道树备用苗基地，按标准进行补植。备用苗基地中的树木与行道树基本同龄，这样就为使用相近规格的假植苗进行补植提供了保障。一方面可以提高种植苗成活率；另一方面又可避免补植时因没有合适的苗木而补植其他树种或规格相差很远的树苗。

（五）行道树的设计

行道树是街道绿化的组成部分，沿道路种植一行或几行乔木，是街道绿化最普遍的形式。

1. 行道树种植带的宽度

为了保证树木正常生长，在道路设计时应留出 1.5m 以上的种植带。如用地紧张至少也应留出 1.0～1.2m 的绿化带。

行道树种植带可以是条形，也可以是方形。条形树池施工方便，对树木生长有好处，但裸露土地多，不利于街道卫生。方形树池可在树池间的裸土上种植草皮或草花。方形树池多用在行人往来频繁地段，方池大小一般采用 1.5m×1.5m，也有用 1.2m×1.2m、1.75m×1.75m 的；在道路较宽地段也有用 2m×2m 的。

树池的边石一般高出人行道地面 10～15cm，也有和人行道等高的，前者对树木有保护作用，后者行人走路方便。

2. 确定合理的株距

行道树的株距要根据该树种的树冠大小，生长速度和苗木规格来决定。此外还要考虑远近期的结合，如在一些次要街道开始以小的株距种植，几年后间移，培养出一批大规格苗木，这样既可充分利用土地，又能在近期获得较好的绿化效果。

行道树的株距，我国各大城市略有不同，就目前趋势看，由于多采用大规格苗木，逐渐趋向于加大株距，采用定植株距。常用株距有 4m、5m、6m、8m 等。

3. 行道树与管线

行道树是沿车行道种植的，沿车行道有各种管线，在设计行道树时一定要处理好与它们的关系，才能达到理想的效果。

行道树种选择是关系到园林绿化水平和绿化速度的重要因素，主要应从树种的形态功能及生态学观点考虑，通过行道树栽培现状调查和试验研究的途径，根据“因地制宜，适地适树”的原则进行。

在中心城区内，进行道路、公园、游园广场、社区等的绿化布局，调整街道绿化树种结构，新建、扩建街心绿地，建设花园式庭院，使整个绿化结构合理、布局均匀、系统完整。

同时，绿化手法上，在面上求“野”（即自然）、在线上求“层”（即多层次）、在点上求“精”，从而，满足人们游览、观赏、旅游、生态等多功能的要求。同时注重以文化古迹为中心的绿化体系建设，注意敏感区和风景旅游区的保护，最终形成道路、水系、绿化带相互配套、城乡连接、外楔于内开放型、网络式、辐射状的生态绿地系统和绿色空间体系。

完善园林绿地系统的建设，加强绿地的合理空间布局，在城市市区内设计、配置不同功能的绿地，如观赏型、保健型、环保型等以满足人们的需求，加强城乡接合部的绿地建设，建立绿化带形成生物廊道，促进市区生境岛与自然环境之间的联系，有利于动物、鸟类的迁移和繁殖，完善园林绿地生态系统的结构和功能。

第二节　社区绿化工程生态应用设计

一、居住区绿化

（一）居住区绿化植物选择与配置

由于居民每天大部分时间在居住区中度过，所以居住区绿化的功能、植物配置等不同于其他公共绿地。居住区的绿化要把生态环境效果放在第一位，最大限度地发挥植物改善和美化环境的功能，植物配置力求科学合理规范。居住区的绿地的功能要以老人和儿童为主体。

1. 以乡土树种为主，突出地方特色

居住区环境绿化，在植物配置上，应以植物造景为主，不要过多地搞建筑小品。小区绿化的主要材料是各种观赏植物，应严格按照植物生长习性组合配置，避免相互遮挡和反习性栽植，尤其应认真选择适于推广种植的新优植物材料，充分体现其观赏价值。注意选择垂直绿化用的具有较强抗性又有较长花期的攀缘植物，增加绿视率。切忌盲目学习国外的大面积草坪式的西洋化。

为保证居住区绿化的覆盖率，增加绿季，居住区植物选择应以乡土树种为主，外来树种为辅。选用阔叶乔木、适当配置常绿树、落叶树及花灌木，并以速生树与慢生树相结合的原则，积极发展草坪、攀缘植物和地被植物，提高绿化覆盖率。各楼间特点突出、风格各异，但又总体协调统一。

适合于城市居住区的绿化树种，针叶乔木类有：油松、红松、白皮松、赤松、杉松冷杉、红皮云杉、青杆云杉、白杆云杉、侧柏、桧柏、杜松等。

阔叶乔木类主要有：杨树（银中杨、加拿大杨、小叶杨）、柳树（旱柳、馒头柳、垂柳雄株）、榆树（榆树、春榆）、白桦、黑桦、核桃楸、糖槭、茶条槭、色木槭、糠椴、紫椴、臭椿、刺槐、国槐、银杏、绒毛白蜡、小叶白蜡等。

花灌木类主要有：丁香、榆叶梅、连翘、东北珍珠梅、绣线菊、玫瑰、红瑞木、黄刺玫、水蜡树、东北扁核木、金老梅、金银木、紫叶李、丰花月季、西府海棠等。

草坪地被植物有：早熟禾、匍茎剪股颖、北国绿、肥皂草、铃兰、紫萼玉簪、野草莓、马蔺、萱草、射干、鸢尾、牡丹、芍药、荷兰菊、堇菜、百里香等。

在居民区等地往往追求树种的遮阴性、美化性、多样性和珍贵性，因此，这些区域是引种珍贵树种和濒危树种的良好场所。

在居住区附近的商贸区，由于各种商业活动，造成行人密度大，车辆多，污染严重，因此行道树应选择抗性和杀菌能力强的树种，如刺槐、栾树、旱柳、女贞、千头椿和槭树科树种等。

2. 发挥良好的生态效益

全面满足居住区绿化功能要求，绿地布局合理，发挥良好的生态效益。

居住区绿化的功能是多方面的，而环境优美、整洁、舒适方便和追求生态效益，满足居民游憩、健身、观景和交流的需要仍然是最本质的功能。居住区是人居环境最为直接的空间，居住区绿化应体现以人为本，以创造出舒适、卫生、宁静的生态环境为目的。

在植物品种的布局上，要充分考虑园林的医疗保健作用。在植物造景的前提下，适当多用松柏类植物、香料植物、香花类植物，如松类、柏类、樟科、芸香科类植物及香花植物。

这些植物的叶片或花，可分泌一些芳香类物质，不仅对空气中的细菌有杀伤作用，而且人呼吸这类芳香物质后，有提神醒脑、沁心健身的作用。

居住区绿地是构成整个城市点、线、面结合的绿地系统中分布最广的“面”，而面又需要有合理的绿地布局，不能只靠某一种绿地来实现。要公共绿地、道路绿地、楼间绿地相结合。合理配置树种，使居住区绿化具有保健型、知识型以及防尘、减噪、避震等多种功能。

3. 考虑季相和景观的变化，乔、灌、草有机结合

在居住区，人们生活在一个相对固定的室外空间，每天面对相对固定的环境，因而增强居住区四季景观序列，显得尤为重要，目的是让人们生活在一个随季节变化的环境中，享受大自然的美丽与生机。因此应采用常绿树与落叶树、乔木和灌木、速生树和慢长树、重点与一般相结合的配植，不同树形、色彩的树种的配植；种植绿篱、花卉、草皮、地被植物，使乔、灌、花、篱、草相结合，丰富美化居住环境。

对于北方城市居住区的绿化，要注意常绿树的比例，才不至在冬季没有一丝绿色。速生树与慢长树结合，可以使绿化尽快达到效果，又能有长远稳定的绿化效果。

不同树形、色彩的树种搭配种植。如春夏两季可采用的有柳树、糖槭；花灌木有丁香、榆叶梅、小桃红、黄刺玫、珍珠梅、连翘、月季、玫瑰、绣线菊、茶藤子、胡枝子等；宿根花卉如牡丹、芍药、萱草、玉簪、大丽花、百合、荷包牡丹、唐菖蒲、美人蕉等。在进行园林绿化设计时，应充分考虑到植物开花先后、花期长短，使之衔接、配置得当，花朵竞相开放，延长花期，即可形成一个百花争艳、万紫千红的绿化、彩化环境。

除色彩外，还可利用树姿来创造美。如：杜松的圆锥状树形、油松的高雅气质、锦鸡儿的绿色树皮、暴马丁香落叶后的树姿，都有美的信息可以捕捉和利用。

4. 以乔木为主，种植形式多样且灵活

园林生态效益主要取决于植物的质与量，建筑、山石、非植物材料铺装地面的生态效益是负数。绿量指标是衡量绿化效果的重要因素。在相同的绿地面积上，植物构成不同，所发挥的生态效益相差甚远。不同的植物材料其绿量和生态效益也不尽相同，乔木大于灌木，更大于草坪。

树木、花草的种植形式要多种多样。一些道路两侧需要以行列式种植，其他可采用孤植、丛植、群植等手法，以植物种植的多种形式来丰富空间变化。

高大乔木宜选为背景林和广场的遮阴观赏林，以组团种植为主，尽可能减少行列式种植。道路两侧一般可成行栽植树冠宽阔、遮阴效果好的树木，也可采用丛植、群植等手法，以打破成行成列住宅群的单调和呆板，以植树布置的多种形式，来丰富空间的变化，并结合道路的方向、建筑、门洞等形成对景、框景、借景等，创造良好的景观效果，同时注意普遍绿化，尽量增加绿量，不要黄土露天，影响绿地面貌和环境。

5. 选择易管理的树种

由于大部分居住区的绿化管理相对落后，同时考虑资金的因素，宜选择生长健壮、管

理粗放、少病虫害、有地方特色的优良植物种类。还可栽植些有经济价值的植物，特别在庭院内、专用绿地内可多栽既经济又有较好观赏价值的植物。如核桃、樱桃、葡萄、玫瑰、连翘等。

花卉的布置可以使居住区增色添景，可考虑大量种植宿根花卉及自播繁衍能力强的花卉，既省工节资，又获得良好的观赏效果，如美人蕉、蜀葵、玉簪、芍药等。

6. 提倡发展垂直绿化

使用多种攀缘植物，以绿化建筑物墙面、各种围栏、矮墙，提高居住区立体绿化的效果，提高绿视率，使人们生活在一个绿色的环境里。同时可用攀缘植物遮拦丑陋之物。这是一种早已被人们所接受和广泛采用的扩大绿色空间的办法。利用爬藤植物的攀缘性向空间要绿色。对于小区内的围墙，无窗的住宅山墙，都可以采用这种种植方式。这样，既扩大了绿色范围，又由于植物的季相变换丰富和补充了建筑的立面效果，使得这些给人以生硬感的景观，转化为具有生命力和柔和亲切感的软质景观。

7. 注意安全卫生

在居住区宜选择无飞絮、无毒、无刺激性和无污染的植物。特别是在居住区内的幼儿园及儿童游戏场地忌用有毒、带刺、带尖，以及易引起过敏的植物，以免伤害儿童，如夹竹桃、玫瑰、桧柏、黄刺玫、漆树。在运动场、活动场地不宜栽植大量飞毛、落果的树木，如杨树雌株、柳树雌株、银杏雌株、悬铃木。

8. 注意与建筑物的通风、采光

如果植物种植距建筑物太近，则会影响植物生长和破坏地下管网。宅旁绿地应当尽量集中在向阳一侧，因为住宅楼朝南一侧往往形成良好的小气候条件，光照条件好，有利于植物的生长，可采用丰富的植物种类。但种植要注意不影响室内的通风和采光。种植乔木，不要离建筑距离太近（一般乔木距建筑物5m左右），以免影响一层室内采光和通风。乔木距地下管网应有2m左右；灌木距建筑物和地下管网1~1.5m。在窗口下也不要种植大灌木。住宅北侧日光不足不利于植物生长，可将道路、埋置管线布置在这里。绿化时，应采用耐阴植物种类。另外，在东西两侧可种植高大乔木遮挡夏日的骄阳，在西北侧可种植高大乔木以阻挡冬季的寒风。

9. 注意植物生长的生态环境，适地适树

由于居住区建筑往往占据光照条件好的方位，绿地常常受挡而处于阴影之中。在阴面应考虑阴生植物的选用，如珍珠梅、金银木、桧柏等。对于一些引种树种要慎重，以免“水土不服”、生长不良。同时可以从生态功能出发，建立有益身心健康的保健、香花、有益招引鸟类的植物群落。

总之，在居住区园林绿化中，植物的配置既要注意遮阴，又要注意采光和美化，做到乔、灌、草相结合，四季常青，三季有花，使居住的环境空间清新、舒适、优雅，将居住区的环境提高到一个新境界。

（二）居住区的绿化规划与设计

居住区在城市占地面积比例较大，因此居住区的绿化是园林绿化系统的主要组成部分。

居住区内的绿化对于保护居民身体健康，创造安静、舒适、卫生和美观的环境起着十分重要的作用。环境质量的核心为功能质量，包括保护大气环境的功能、审美的功能、休闲和社会交往等功能。因此，居住环境设计不应仅仅是绿化，而且要满足居住环境多功能的要求。除了按国家规定留出必需的空地外，尽量做到见缝插针栽植绿化植物，才能提高市区绿化覆盖率。

根据住宅区的功能分区和居民生活上的需求，居住区的绿化，要采取集中与分散相结合、重点与一般相结合、点、线、面相结合的原则，从而形成功能分布合理的居住区绿化组团系统，做到局部特色与整体效果的统一，并与城市整体绿化体系相协调。

居民区绿化，在于发挥绿地多种效益，且环境污染不太严重，可种植多种树种，绿化形式亦可多种多样，街心花园、小型花园、小块林地、草坪等都是其理想形式。

1. 居住区园林绿地规划

居住区园林绿地规划一般分为：道路绿化、小型的公共绿地规划及住宅楼间绿地规划。

居住区道路绿化居住区内根据功能要求和居住规模的大小，道路一般分为三级。

主要道路、次要道路和小路。在主要道路两侧留有2～3m的绿化种植带，绿化应考虑行人遮阴又不妨碍交通。次要道路是联系居住区各部分之间的道路，一般留有1～2m的种植带。

当道路与居住建筑物的距离较近时，要注意防尘隔声。居住小区的小路是联系住宅群之间的道路，其绿化布置与建筑物更为密切，可丰富建筑的面貌。居住区道路绿化采用不同的植物种类，色彩、形态不同的植物配植。

居住区公共绿地规划公共绿地是居住区绿地的重要组成部分，最好设在居民经常来往的地方或商业服务中心附近。公共绿地应结合自然地形和绿化现状，采用自然式和规则式，或以两者相结合的园林布局形式，其用地大小应与全区总用地、居民总人数相适应。集中的公共绿地是居民休息、观赏、游乐的重要场所，应考虑对老人、青少年及儿童的文娱、体育、游戏、观赏等活动设施的布置。注意避免相互间干扰和使用方便。需要考虑功能的分区、动与静的分区，并设有石桌、凳椅、简易亭、花架和一定的活动场地。植物的配植，在便于管理的条件下，以乔、灌、草相结合，形成一个优美的生态景观。

（1）开放式绿化规划开放式绿地

居民可以进入绿地内活动、休息，不用绿篱或栏杆与周围分隔。通常是在居住区设有公共绿地，楼间距大于10m的情况下设置的。可设置一定面积的广场、亭、台、花架等小巧的建筑小品，还可设置一定面积的水、花池、坐椅等和一些儿童游乐设施。并针对不同季节配置不同季相丰富的花木，使每个季节都有一个新感觉，景观绚丽多彩，开放式的绿地规划更方便于群众使用，因此利用率最高。

（2）封闭式绿地规划

在居住区有公共绿地情况下，楼间绿地可做成封闭式绿地规划，以绿篱或栏杆与周围分隔。以草坪为主，乔、灌、草相搭配，根据不同季节种植不同时期开花的植物，以供群众观赏。居民不能进入绿地内，绿地中也没有活动休息场所。

（3）半封闭式绿地规划

介于以上两者之间的绿地规划，是用绿篱或栏杆与周围分隔，但留有若干出入口，并提供了较大面积的活动场所，可设有不同形状、不同组合的花池，桌凳以及一些小型的儿童活动设施器械，如：滑梯、转椅、秋千等，为人们活动开辟了空间场地，增加了室外活动的时间与活动量。

2．居住区绿化设计

居住区绿化的好坏直接关系到居住区内的温度、湿度、空气含氧量等指标。因此，要利用树木花草形成良好生态结构，努力提高绿地率，达到新居住区绿地率不低于30%，旧居住区改造不宜低于25%的指标，创造良好的生态环境。

居住区绿化，在充分满足采光、遮阴等各种功能需要的前提下，要有创新、有特色，要与居住区地形、地貌结合。根据绿地各自不同的功能特点，精心布置宅前屋后、山墙部位、道路、公共绿地和外围周边绿地的绿化。把这些绿地有机结合起来，合理布局。充分利用各种植物的生物学特性，以构建保健型群落为主，辅以观赏型及环保型群落。以植物造景为主，发挥植物在生态平衡中的最大效益。用艺术规律、技术规则和国内外园林建设的先进经验，创造出新颖、奇特、符合现代化特点的居住区绿化形式，达到经济、美观、实用，满足不同年龄段人员的需求。在居住区中还应大力提倡立体绿化（包括屋顶花园、垂直绿化、阳台绿化）。立体绿化以楼墙外壁和其他建筑设施为附体，种植各种攀缘植物，不但能以青藤、绿蔓装饰建筑物外表、扩展绿化层次、增大绿视率，还能发挥其生态效益。

植物配置方面应注意多样性，特别在植物组合上，乔木、灌木、地被、草坪的合理组合，常绿树与落叶树的比例搭配等，都要充分注重生物的多样性。只有保证物种的多样性，才能保持生态的良性循环。为了充分发挥生态效益，尽早实现环境美，应进行适当密植，并依照季节变化，考虑树种搭配，做到常绿与落叶相结合、乔木与灌木相结合、木本与草本相结合、观花与观叶相结合，形成三季有花、四季常青的植物景观。

居住区的绿化大体可分为以下6种类型：即住宅小区周边隔离带绿化；居住区内街道和河畔绿化；楼前楼后宅旁绿化；游憩场地绿化；小区游园绿化；商业、服务业门前绿化。

居住区周边绿化。居住区周边绿化就是居住区和其他功能区间的隔离带绿化，往往以交通干道和自然地、河、湖、岗地或菜田阻隔为界。

凡是居住区邻接污染区，其隔离林带的树木栽植一定要加密，行数可根据条件而定。一般为5～7行。可在没有污染的方位适当留出通风道口，一般说来通向住宅区的干道即是送风道。

凡邻接重污染区方位设置的隔离带，最好选用抗污染的乡土树种。如邻接郊外受风沙侵害的方位，要选择抗风沙、耐吹蚀、叶大荫浓、寿命较长的深根系树种。密度适当加大，行数适当增多。市区内隔离带要达到15～20m宽。如地处市郊或有绿化条件的地方，可设30m宽的绿化带。

住宅区的街道绿化。住宅区的道路绿化关键在于树种的选择。因为宅道一般不太宽，宜采用冠幅适中、形美、分枝点高、常绿、不易倒伏、无毒性的乡土树种。内部道路分为连接各小区分区之间的主干道和连接小区宅前道路的支干道、小道。小区内住宅楼由于采光、通风的需要，多为东西走向，区内主干道多为南北走向，绿地紧靠两边山墙，绿化带较窄。

树木配置以规则式、行列式为宜。在不影响采光的情况下，宜配植造型优美、有季相变化的落叶乔木，如山桃、垂柳、垂榆、栾树等，以遮挡东西向的太阳辐射，在夏日为行人提供绿荫。乔木以下配植剪形花灌木，如连翘球、丁香球、水蜡球、榆叶梅球等，适当点缀几组常绿树，如北京桧柏球、西安桧柏球、小叶黄杨球（小气候条件好的情况下可栽植），使道路两旁春季有花、夏季荫浓、冬季有绿，以形成不同的植物景观，增加绿色空间层次。但小区内各条干道绿化树种不宜雷同，每条路都应以植物形成自己的特色。

一般南北走向比较宽的主路，绿化时最好选用树冠稠密、遮阴效果好的树木行列式种植。因正好和路灯走向一致。如用地条件允许，丛式的栽植比行道树更有防护效果，也更有特色。

对于东西走向的区内主干道，考虑路南采光需要，路两侧可采用不同的种植方式。路北采用小乔木下配植以花灌木、剪形常绿树，如山桃下配植连翘、水蜡球、松柏球等或垂柳、垂榆下配植丁香球、榆叶梅球等；而路南则采用花灌木剪形球与常绿树间隔，规则式或成组种植，打破对称的种植方式，也是一种很好的尝试。

居住区内街道绿化应考虑行人和行车的遮阴要求，不要影响交通和路灯照明。城市内小区街道，一般是人、车混用，并在道旁设置路灯，因此小区街道在道路两侧、近灯杆2m内不应栽树。一般小区街道宽6～10m。在较窄的街道绿化，要选择半耐阴树种、亚乔木或冠幅窄的乔木，多用行列式栽植方法。以形式和谐相称的绿色通道，在乔木株间下，可适当配置耐阴的花灌木或宿根花卉。不经常通机动车的小巷，可设置花境，以丰富道路景观。一般只宜在南北走向道路上适当配置常绿树种，小区街道最好栽植落叶树种，以保证冬季光照，避免积雪不化、行路不便。小区行道树种最好要选择好栽、好管、易成活、受机械撞伤易恢复的树种。

没有电杆、电线等障碍的支路和小路的路旁绿化，树木配置可不受限制。绿化最好选用国槐、云杉、红花槐、紫叶李等风景树种，设计成对称式的行道树，路边再配置一行侧柏或小榆树做绿篱。也可用玫瑰花篱，既能起到宅间庭院的分隔作用，又能改善道路景观、丰富季相变化。

临街围墙围栅，要适当栽植些爬藤植物，如：地锦、啤酒花、蛇白蔹、地蛇藤、山葡萄、牵牛花、观花菜豆等。要尽量扩大绿化指数，以提高净化环境效果。

楼前楼后宅旁绿化。宅旁绿化包括住宅四周及住宅建筑物之间的绿化。该地区绿化与居民日常生活的关系最直接、最密切，应以阻隔噪声、滞尘和遮挡外界视线、缓和强烈光照为主要目标进行植物配置，使生活环境更加安静、清洁，兼顾美化、香化作用。庭院宅旁绿化要考虑地方风俗习惯、住户要求和喜爱来进行布置。在新建成排楼房、整齐规则式的小区内绿化布局要有整体感。但我们认为每个院和围墙应尽量采用绿篱围隔，修剪成不同的艺术造型，更显出园林的艺术水平，既经济又实惠。

一般宅旁绿化，前庭树木要稀疏，后院树木要密集。阳面窗前宜栽落叶乔木或花灌木，夏季可遮阴、滞尘、阻隔噪声，冬季又不遮光，以保证室内光照和温度。

小区内住宅楼间绿化采用楼间组团绿地形式，一般把乔木、灌木、花卉和草坪组成丛状，加以修剪造型，组合成错落有致、四季不同的植物景观。在一定的管线范围内不宜种大乔木的硬土地，都应种上草坪，使之黄土不见天，在没有经济条件种草的情况下，应该保留自然生长的野草，但应及时修剪整齐。在不影响室内光照的地带，可适当栽植庇荫大的乔木，树下设置坐凳，以备夏季休息、乘凉、儿童玩耍。注意不栽带刺、花果有毒或使儿童过敏的植物。在住宅楼的南侧，布置喜阳树木，但要错开采光窗，使之不影响通风透光。楼北面应选择耐阴的树木和花卉，如有可能爬上攀缘植物则应种植，以增加立面的绿色层次，提高绿化覆盖率。

住宅楼间的散步交叉口应该点缀树冠美观、叶型有变化、有季节色相变化的孤立树或花木，如木槿、榆叶梅、紫叶李等，增加美感。楼间花卉布置以管理粗放的宿根花卉为主，如石竹、鸢尾、芍药、荷包牡丹、萱草、金鸡菊、唐菖蒲、荷兰菊、地被菊等。在设计时一定要按照园林艺术的手法，处理好与园林绿地布局的关系，以体现不同的园林风格特色。

条式住宅楼东西山墙绿化可增加绿化面积，紧靠两边山墙配置较高大的常绿针叶树如云杉、油松、桧柏等，以形成高大的绿色竖向背面，遮挡盛夏酷暑季节东西晒的太阳辐射，缩短高温持续时间，有利于居民休息。外围至路边可疏密相间地配置丁香、榆叶梅、珍珠梅、玫瑰、丰花月季、紫叶小果等落叶花灌木，形成错落有致的不同植物景观，增加绿色层次。

居住小区游憩场地绿化游憩场是居住组群中预留或遗留的小片绿化用地，绿化后专供学龄前儿童活动，一般面积不大，仅 $0.1 \sim 0.2hm^2$，游憩场地外围要栽植高篱，场内要种植高大乔木，重点设置花坛。场地除铺草坪外，还要有部分铺装地面，还可设置雕塑、花架，供三季摆花用。

一个居住区可设置几个游憩场，绿化植物配置应各具特色。可分别配置春、夏、秋观花、观果、观叶植物，冬季可考虑配置常绿植物，如桧柏、朝鲜黄杨和具有观赏价值的灌木，如在雪地别有奇观的红瑞木。

3. 居住区小游园绿化

小区游园，一般位于小区中心，是小区居民公共使用的绿地，主要为青少年和成年人日常休息、锻炼、游戏、学习创造良好的户外环境。

游园建筑规模要与小区规模相适应，一般面积以 $0.5 \sim 3hm^2$ 为宜。园内规划可按市、区级公园的分区办法，但限于面积，分区不宜过细，但必须动静分开。静区要布置得安静幽雅，尽量利用地形变化，因地制宜配置树丛、草坪、花卉，开辟曲折小径，设置坐凳、花架、亭廊，供居民安静休息。也可采用规则式布局，安排紧凑些，在绿化上多采用植物造景造型，多选用当地群众喜闻乐见的树种，选择春天发芽早、秋天落叶迟的树种最好。花坛布置应多采用宿根草本花卉，以减轻园务管理劳动强度。植物选择忌讳用有毒、有刺、有异味的植物。

二、工业区绿化

（一）厂区绿化植物的选择

工厂绿化植物的选择，不仅与一般园林绿化植物有共同的要求，而又有其特殊要求。要根据工厂具体情况，科学地选择树种，选择具有抵抗各种不良环境条件能力（如抗病虫害、抗污染物以及抗涝、抗旱、抗盐碱等）的植物，这是绿化成败的关键。不论是乡土树种，还是外来树种，在污染的工厂环境中，都有一个能否适应的问题。即使是乡土树种，未经试用，也不能大量移入厂区。不同性质的工矿区，排放物不同，污染程度不同；就是在同一工厂内，车间工种不同，对绿化植物的选择要求也有差异。为取得较好的绿化效果，根据企业生产特点和地理位置，要选择抗污染、防火、降低噪声与粉尘、吸收有害气体、抗逆性强的植物。

工业区是城市的主要污染源，工厂绿化的首要任务是针对污染物质的性质，采取一定的绿化方式。它因工厂的类型、企业的性质而不同。如钢铁厂主要是防烟尘和二氧化硫等有害气体；化工厂主要种植隔离带、能适当吸收有害气体的防护带，以及由防火树种组成的防火林带；轻工业如棉纺厂等的绿化主要是为了调节湿度与温度以及小气候的改善；精密仪器工业的工厂绿化目的，主要是限制地面和空中固体微粒污染物的飞扬和二次扬起，要有较好的草坪和地被植物的种植，不裸露地面，要有滞留、吸收和过滤尘埃的树带。有些工厂在生产过程中产生噪声超标较大，人们长期在噪声环境中工作，会感到情绪烦躁，精神不振，影响效率。

1. 选择较强的、抗大气污染的树种及绿化材料

在工厂的大气污染区搞好绿化，必须首先选择抗性强的树种及其他植物，使其在污染区正常生长。由于目前一般工厂都有多种有害气体，造成复合污染，最好选用兼抗多种污染物的树种及绿化材料，以达到预期目的。

满足绿化的主要功能要求不同的工厂对绿化功能的要求各有侧重，有的工厂以防护隔离为主，有的以绿化装饰为主。而在大的工矿企业，不同部位对绿化亦有区别，在选择植物材料时，应考虑绿地的主要功能，同时兼顾其他功能的要求。如皂角、桑树、柳树、山桃。

按工厂的不同性质要求选择绿化植物，工厂性质不同，对绿化植物要求也不同。绿化树种选择要因厂因地制宜。工厂污染源多，空气中有毒有害气体含量较高，要搞好绿化，必须做到适地适树、因厂选树的原则，确保工厂的树木及其他绿化材料能良好地生长，以达到改善环境，保护环境的目的。

（1）重工业工厂，一般材料多，车辆往来、机器等噪声大，排放污染物质种类多，成分复杂，要求抗性很强，并有防噪防火能力的乔木和灌木。

化工厂、钢铁厂地下地上管线多，原材料堆放场地多，噪声大，排放污染物多种多样，成分复杂，要求具有抗性很强的灌木。

在塑料厂、炼镁厂等工厂，排放出大量的氯气和氯化氢，应栽抗氯性强的树种，如刺槐、紫穗槐、杨树、红柳、臭椿、榆树、山桃，山杏、糖槭等。

在炼油、炼铁、炼焦等工厂，排放出大量的二氧化硫，应栽些吸收二氧化硫的树，如加拿大杨、花曲柳、臭椿、黄柳、刺槐、卫矛、丁香，也可栽些榆树、柳树、合欢。

橡胶厂、铝厂、玻璃厂、陶瓷厂、磷肥厂和砖瓦厂，在生产中有大量的氟和氟化氢排放出来，应栽些抗氟性强的臭椿、柳树、桑树、枣树、榆树等。

水泥厂和工矿地区的沿路灰尘多，应栽一些降尘效果比较好的树种，如构树、松树、刺槐、臭椿、榆树、桑树、沙枣等。

在生产铜、醚、醇的化工厂，应栽植桧柏、柳杉、冷杉、雪松、桦树、樱树、梧桐等杀菌树种。

在北方的煤化工厂化肥生产区内，空气中含有二氧化硫、一氧化碳、酚、苯类的混合气体，首选树种为榆树、糖槭。适应生长的树种有丁香、锦鸡儿、枸杞。不适合栽植的树种有杨树、垂柳、龙须柳、绣线菊、梓树。在北方的煤化工厂厂区内，焦炉的下风方向不适合栽植红皮云杉。

除此之外，有些工厂因机器隆响、噪声严重，应营造乔木、灌木组成的阻声消声林带。产生强烈噪声的车间如高炉锻压、破碎等车间，在进行绿化布置时，要选择叶面大、枝叶茂密、减噪能力强的树种。从配置方式来看，自然式种植的树林较行列式种植减噪效果好，矮树冠比高树冠减噪效果好，灌木减噪效果好。所以在噪声强烈的车间周围，可用常绿或落叶阔叶树，以乔灌木组成复层混交林，也可利用枝叶密集的绿篱、绿墙进行减噪。对于高架的噪声源，可在其周围种植高大而树冠浓密的乔木。

（2）纺织、食品等轻工业工厂，一般产品要求一定的温、湿度范围，特别要防止尘埃、杂菌的污染，因此选择耐阴、滞尘、杀菌力强的植物更为适宜。棉纺厂某些车间对温度、湿度有严格要求，细纱车间夏季不超过32℃，冬季不低于22℃，相对湿度要在53%～56%，布机车间要求72%～75%，这就要求周围密植树大荫浓的乔木，以改善小气候。

（3）精密仪表、光学仪器及电子器件厂、刺绣等特殊工厂，为提高产品质量，不仅需要具有抗滞尘能力的植物，而且要求有开阔的绿色空间，大量草坪、地被植物，减少裸露和铺装地面。因产品对于空气质量的要求很高，空气中的尘埃、绒毛、飞絮直接影响产品的正品率。所以要栽植滞尘能力强，不散发绒毛、飞絮、种毛的树种。最好是多层乔灌木混交，阻挡飘尘，地面种植草坪及地被植物，墙面进行垂直绿化，增强滞尘能力。树木种植要距厂房10m之外，保证室内有足够的自然采光。

精密仪器厂或电子管厂要求周围空气干净，应在厂周围密植30～50m宽的防风林带，厂内植树、种草皮，树种应选择生长迅速、树形高大、枝叶繁茂、树冠比较紧凑、吸尘能力强、寿命相对较长、生长稳定的、能更快更好地起防护作用，又能长期具有防护效能的。以园林植物的滞尘作用为主要指标，结合植物吸收二氧化碳、降温增湿作用等指标，选择适于减尘型绿地的园林植物。

2. 适地适树，满足植物生态要求，选择抗逆性强的植物

要求植物起防护作用，首先要使植物能正常生长。树种选择时首先要做到“适地适树”，即栽植的植物生态习性能适应当地的自然条件。选择对环境适应性强：即对土质、气候、干湿度等条件适应能力强的植物。

工厂厂区的环境对植物生长来讲一般比较恶劣。由于多数工厂在生产过程中都或多或少地产生有害物质，因而，除了大气污染外，工厂区的空气、水、土壤等条件常比其他地区差，有许多不利于植物生长的因素。如：干旱、气温低、土壤贫瘠，或土壤中由于其他因素造成含其他有害物质及土壤酸碱度过重等。同时工厂区地上地下管线多，影响植物的正常生长。所以选择具有适应不良环境条件的植物十分重要。因此，工厂绿化要选用乡土植物的树种，同时考虑具有较强的抗污能力。

3. 要筛选具有空气净化能力的树种

绿色植物都有吸收有害气体、积滞粉尘的能力。要从中选择具有净化吸收有害气体效应高的树种及绿化材料。

4. 选择病虫害较少、容易栽培管理的树种

工厂因环境受到不同程度的污染，影响到植物的生长发育。植物生长受抑制时，抗病虫害的能力就有所削弱，于是就易感染各种病虫害。所以应选择那些生长良好、发病率低、管理粗放、栽培容易发根、愈合能力强、受有毒气体伤害后萌发力强的绿化材料。

5. 选择有较好的绿化效果及垂直绿化植物

工厂的防污绿化要选择速生而寿命长、枝叶茂密、荫蔽率高的树种。同时要考虑姿态优美、有色有香、美化效果好的树种及绿化材料。

由于厂矿企业都有不同程度的环境污染，立地条件较差，垂直绿化面临的困难较多，适宜生存的攀缘植物必须具有抗性强的特点。如抗二氧化硫较强的攀缘植物有地锦、五叶地锦、金银花等。紫藤抗氯气和氯化氢的能力较强；而金银花、南蛇藤、葡萄等对氯气的抗性弱。根据各厂矿企业污染状况的不同及立地条件的具体情况，选择适宜生长的攀缘植物，大面积垂直绿化，充分发挥绿化植物抗污、防尘、降温、增湿的作用，改善厂矿的环境状况。

6. 适当选择一些适用的经济树种

可选择适应性强、便于管理、较粗放的果树，如核桃、杏。这样既可供观赏，又可得到实惠的经济效果。

7. 选择不妨碍卫生的树种

如有飞花和具有恶臭、异味的花果的树种不要选用，以免造成精密仪表的失灵及净化水表面布满落叶不卫生的状况。

（二）厂区绿化布局

依据厂区内的功能分区，合理布局绿地，形成网络化的绿地系统。工厂绿地在建设过程中应贯彻生态性和系统性原则，构建绿色生态网络。合理规划，充分利用厂区内的道路、河流、输电线路，形成绿色廊道，形成网络状的系统格局，增加各个斑块绿地间的连通性，为物种的迁移、昆虫及野生动物提供绿色通道，保护物种的多样性，以利于绿地网络生态系统的形成。

工厂在规划设计时，一般都有较为明显的功能分区，如原料堆场、生产加工区、行政办公及生活区。各功能区环境质量及污染类型均有所不同。另外，在生产流程的各个环节，不同车间排放的污染物种类也有差异。因此，必须根据厂区内的功能分区，合理布局绿地，以满足不同的功能要求。例如在生产车间周围，污染物相对集中，绿地应以吸污能

力强的乔木为主，建造层次丰富、有一定面积的片林。办公楼和生活区污染程度较轻，在绿地在规划时，以满足人群对景观美感和接近自然的愿望为主，配置树群、草坪、花坛、绿篱，营造季相色彩丰富、富有节奏和韵律的绿地景观。为职工在紧张枯燥的工作之余，提供一处清静幽雅的休闲之地，有利于身心健康。

1. 厂区周围绿化

厂区周围绿化，在厂区绿化工作中是很重要的。由于厂区所处的位置不同、生产产品不同、排放的污染物质种类有别、近邻状况不同，在绿化布局上应有很大差异。在一般的大气污染环境中，应建立封闭式环网化结构。在夏季下风向处应多配置夏绿阔叶树，在冬季的下风向处应多植绿针叶树，以形成冬夏两季进风口。通过风口，外界气流进入并带动污染气体在各种环网状小区内流动，使污染物在林网中得到净化。对重污染区，应采取开放输导式结构。在冬夏两季主风向的垂直面上，应疏植低矮灌木，同时，沿顺风方向，以乔木林带区域加以分隔。

当厂区的下风方向邻接居住和无污染厂区，或文化区、商业区等时，则厂区周围绿化除主导风向一面搞成开口式让新鲜空气进入厂内，其余方位均应为封闭式，密栽叶大荫浓的高大乔木，让风从上风方向开口处进入。使进入厂内的新鲜气流将厂内污染的热气抬起，上升向高空扩散，减轻三面近邻单位受害。在地力条件允许的情况下，可在厂区周围密植多行乔木，无条件时可栽 2 ~ 3 行乔木，并配置亚乔木和花灌木及草坪植物，以减少污染气流向邻近单位扩散污染。

2. 厂前区绿化

厂前区一般面向街道，是厂内外联系要道，又是工厂行政、技术管理中心，是内外联系工作必经之路，是厂容、厂貌的集中表现。有的厂前区临街，因此厂前区绿化又是市容的组成部分。该区的绿化以防治污染、创造安静整洁、优美舒适的工作环境为目的。厂前区绿化首先要符合功能要求，达到净化环境、美化环境，又要做到节约用地。

厂前区的绿化，要根据建筑物的规模安排适当的绿化用地，用适宜的绿化树种做衬托，要尽量做到和谐、匀称。花坛、树坛的布局多采用几何图形，一般两侧对称，显得庄重有气魄感。边缘地带和临近专用道路部分要配置高篱，并适当栽植乔木，隔绝外部干扰。建筑物前，通向街道的两侧，可设置带状树坛，宜行植或丛植花灌木和常绿树。楼前窗下可设置与楼平行的带状树坛或花坛，配置树木要与楼房相称。高树要设在两窗间墙垛处，不影响室内采光。在窗下可植栽花灌木和草本花卉。厂区前的核心位置或重点地段，在可能条件下可设置花坛，种植宿根花卉或一年生草花，或设置花架摆放盆。盆花要随季节更换，从彩色上增加全区美感。除道路或活动场外，一切裸露地面应用草坪覆盖。要注意树木与地下各种管线和建筑墙面必须保持一定距离，凡设置花坛要选择不同花期植物，可得到季季有花赏。要注意在厂前区适当配置观叶植物，和冬季看青植物，以调节冬季景观。

3．生产区的绿化

生产区的绿化包括车间周围绿化，辅助设置，道路、广场、边角空地绿化。生产区绿化对改善生产环境、补充生产条件、保障工人身体健康有着直接关系。

厂区道路绿化，是厂区净化林的主体，对厂区空气净化，环境美化，遮阴，调节空气温度、湿度都有着重要意义。道路绿化方式是多样的，主要根据其与厂房间保留绿化用地的宽度而定。

（1）在道路狭窄无绿化条件情况下，可在建筑物墙基周围，用砖砌成带状花坛、树坛，栽植爬墙植物和草本花卉，或栽修剪成球状的灌木等。也可在道路两侧围绕建筑物栽植绿篱，修剪成整齐的树墙，既要达到绿化、净化、美化环境效果，又要不影响室内光照或道路交通给人以宽阔之感。

（2）除了3～5m宽的交通路面，两侧还有2～5m的适做绿化用地，可在路边石外栽成60～80cm高的绿篱墙中按3～5m株距栽植观花亚乔木，绿篱里侧栽草花或草坪，配置开花灌木丛。

但配置植物从里向路面要有坡降层次，尽量选择不同开花期植物，达到长期有花赏的效果。

（3）除了5～8m宽的交通路面，两侧还有5～10m的绿化用地。可有几种不同的栽植形式，这类多半为厂区的主要干道也可以说是主要送风道。

路面需要遮阴条件的，可在快车道两侧抬高路面15～20cm，铺成2～3m宽的方砖人行路面，在近快车道一侧，每隔3～5m留出80～100cm的方形树坛，栽植叶大荫浓的乔木或亚乔木，在铺装人行道的外侧，栽植整齐的绿篱，绿篱里侧栽植草坪或草花，或栽植观花、观果的灌木及桧柏、云杉、冷杉等。如路的两侧是墙面，没有光照要求，近墙可栽植高大乔木或爬墙藤本植物。

路面不需要有遮阴条件的，可搞成开阔式近路边栽植60～80cm高的绿篱，里侧布置花丛和树从，也可不栽绿篱，在两侧用砖石水泥建成不同小区的带状或各种几何状树坛、花坛、栽植观花、观果和常绿针叶树，可在适当位置造山石景配置相宜的植物。

（4）如果厂区道路有宽阔条件，可在路面中央建分车绿带，栽植草坪、草花，间栽整形球状灌木。在车道与人行道间，建带状绿地，栽植观花、观果植物。近人行道一侧可栽植矮绿篱；在人行道靠近建筑物一侧，可建各种花坛、树坛或盆式造型。造型要简单、大方，用美术家粗线条的笔墨，给观者以象形猜想的意趣，不要搞得太复杂烦琐，造价高，反而不美。两侧的花坛、树坛要围成一个一个小区，栽植观花、观果植物。组成自然式树丛，构成不同景观，显得粗犷、有野趣。如处在污染厂区，必须注意选择抗污树种，只有树木成活才能达到绿化、净化效益。

4．仓库区的环境绿化

工厂的仓库，一般用于贮存材料和成品，需要防火，防尘，防酸、碱侵蚀污染。而仓库周围绿化起着阻隔粉尘和有害气体侵入作用，同时也具有防火功能和掩避作用。

仓库区的绿化布局，是在仓库周围设置防护隔离林带，最好是常绿树和落叶树混交，冬夏都能起到防护效果。仓库区和外界最好是用较高的绿篱隔开，凡是裸露地面均应铺上草坪以防止起尘。为了使仓库贮存物资免受夏季烈日曝晒和辐射热的影响，在仓库周围要栽植些树冠高大、枝叶浓密的乔木，还要注意通风口不受树冠阻挡，方能使库内通风良好，以免贮存物资受潮霉烂，同时有利于运输通行。要预留出足够的道路宽度和转角空间，一旦发生火灾，消防车可畅通无阻。

仓库区周围的绿化树种应选择叶大、质厚、含水量高的树种，并且要选择吸收水分和散失水分能力强的树种，还应选择抗污染、吸收有害物质能力高的树种。

5．已污染土地的绿化

对于土地污染，人工林结构设计除应保证树木有较高生长量外，还应适量增加密植，缩小株行间距。据测定，在城市西郊污染严重的土地上，以加拿大杨、北京杨等为主，采取1.5m×1m 的林木结构，在5～7年间，表层土壤中镉的年平均消减量约为0.65μg/g。

（三）厂区绿化植物配置

1．制定科学的绿地定额指标，努力提高绿化面积

国内外大量的研究材料证明，30%～50%的绿化覆盖率是维持生态平衡的临界幅度。对于有污染的工厂企业来说，绿地指标（面积或覆盖率）应综合考虑用地条件、碳氧平衡和污染净化的需要。

2．选择抗逆性强的树种

因为工矿企业的环境一般比较差，有许多不利于植物生长的因素，如酸、碱、旱、涝、多砂石、土壤板结、烟尘、废水、废渣以及有害气体等，为取得较好的绿化效果，就

要选择抗逆性强的树种进行培植，以适应环境。

3. 适地适树，合理配置，构建生态稳定的复层群落

自然界中的植物都是以群落的形式存在的，生态园林的建设也就是通过模拟自然界的植物群落，借鉴地带性植被的种类组成、结构特点和演替规律，开发利用绿地空间资源，根据不同植物的生态习性，合理配置乔、灌、藤、草，丰富林下植物，形成物种丰富、层次复杂的复层群落结构。一方面可提高绿地的三维绿量和生态效益；另一方面增加了群落的稳定性和自我调节的能力，降低了人工维护成本。绿化植物群落组合及层次结构是提高绿化水平及效益的关键。

在绿色植物配置比例上，以乔木为主，与灌木结合，以花卉做重点地区点缀，地面栽铺草坪和地被植物，增加绿色覆盖面积。一般乔、灌、花、草配置比例乔木占60%，灌木占20%，草坪占15%，花卉占5%。乔木中又以阔叶树为主，和常绿树保持合适比例，一般为3∶1。北方冬季长，常绿树多些，保持绿色常青，增加生机；夏季阔叶树遮阴效果和调节小气候效果明显。其中以速生快长为主，使绿化效果提早实现，一般速生约占40%，另外，创造条件搞垂直绿化，加大绿化功能和作用。

植物物种的生态多样性决定了群落和绿地类型的多样性。工厂的绿地可构建以下几种类型：①环保型绿地；②观赏型绿地；③保健型绿地。

另外，根据工厂的实际情况，也可利用具有经济价值的物种建造生产型绿地，在满足环境要求的同时，取得一定的经济效益。

第三节　居室绿化工程生态应用设计

室内绿化不仅能美化环境、调节和丰富生活，更重要的是能调节气温、净化空气、保护和改善居室的生态环境。

一、居室污染

居室内环境污染之所以比室外更严重，是因为室内空气容量小，流通条件不如室外，尤其是室内存在的污染物种类繁多、数量大，污染源成分更为复杂。

（一）居室污染特点

①空气污染物由室外进入室内后其浓度大幅度递减。

②当室内也存在同类污染物的发生源时，其室内浓度比室外为高。

③室内存在一些室外所没有或量很少的独特的污染物，如甲醛、石棉、氡及其他挥发性有机污染物。

④室内污染物种类繁多，危害严重的只有几十种，它们可分为化学性物质、放射性物质和生物性物质三类。

（二）居室污染来源

1. 居室空气污染

①居民烹调、取暖所用燃料的燃烧产物是室内空气污染的主要来源之一。如煤、油、天然气、液化石油气、煤气等。这些含碳物质燃烧时都要产生一氧化碳、二氧化碳、二氧化硫、苯并芘、悬浮颗粒物、甲醛、多环芳烃类等有毒物质。此外还有来自厨房燃具的多种有害气体。居室污染最严重的污染区是厨房。多环芳烃具有极大的致癌性。

②吸烟也是造成居室空气污染的重要因素。现已知香烟烟气中至少有 3800 种成分，其中大多数为致癌物、刺激物和窒息剂，包括亚硝胺、苯并［a］芘、镉、氢氰酸、甲醛、多环芳烃类等有毒有害物质。

③家具、装修装饰材料、地毯等。来自家用化学品及建筑材料的污染物有 100 多种，包括挥发性有机化合物（VOCs）、有机卤化物、苯、苯乙烯、甲醛、丁烷、丙烷、铅、石棉、氡及子体等。这些有毒物质可通过皮肤和呼吸道的吸收侵入人体血液，影响肌体免疫力，有些挥发性物质还有致癌作用。VOCs 是挥发性有机化合物类污染物，可导致肌体免疫水平下降，影响中枢神经系统功能，出现头晕、头痛、哮喘、胸闷等，还可影响消化系统，造成食欲不振、恶心等。

④人体污染。人体本身也是一个重要污染来源，人体代谢过程中能散发出几百种气溶胶和化学物质。人们呼吸时排出的气体，人体皮肤、器官及不洁衣物散发的不良气味，此外还有肠道气体的排出和人体的细菌感染。这些污染物有二氧化碳、硫化氢、苯、甲醇、酚、丙酮、氨等。

⑤通过室内用具如被褥、毛毯和地毯而滋生的尘螨等各种微生物污染。研究发现，地毯和空调机中滋生着多种细菌、霉菌和螨虫等有害生物，它们附着在尘埃的悬浮颗粒上，形成气溶胶，随空气流动传播疾病，危害人体健康。悬浮颗粒物本身带有多种有毒物质，可导致咳嗽、慢性支气管炎、肺气肿、支气管哮喘，且具致突变性和致癌性。室内气溶胶颗粒<10μm 的，对人身体健康危害很大；尤其是<10μm 的，危害极为严重。日本清洁协

会会长藤井认为，在室内污染物中，首先应当考虑的是粉尘，其次是一氧化碳、二氧化碳、二氧化硫、二氧化氮等气体。尘螨可引起哮喘、过敏性鼻炎及皮炎、荨麻疹等。

⑥室外工业及交通排放的污染物通过门窗、空调等设施及换气的机会进入室内，如粉尘、二氧化硫等工业废气。

2. 居室噪声污染

室内噪声污染也危害人们的健康。室外传入室内的工业、交通、娱乐生活噪声等，以及室内给排水噪声、各种家用电器使用的噪声等。

3. 居室辐射污染

各种家电通电工作时可产生电磁波和射线辐射，造成室内污染。由于使用家用电器和某些办公用具导致的微波电磁辐射和臭氧。其中微波电磁辐射可引起头晕、头痛、乏力以及神经衰弱和白细胞减少等，甚至可损害生殖系统。

二、室内主要污染物及其危害

（一）甲醛

甲醛是多数装饰材料中的主要有害物质。甲醛是在装饰材料中广泛存在的一种无色有刺激性气体，对皮肤和黏膜有强烈刺激作用，能引起视力和视网膜的选择性损害。长期接触甲醛可出现记忆力减退、嗜睡等神经衰弱症状。甲醛可以引起遗传物质的突变，损伤染色体，是诱癌物质。居室中甲醛的浓度达到0.5%时，就可刺激黏膜，引起呼吸道分泌物增多、眼红、流泪、咽干发痒、咳嗽、气喘、胸闷、头昏以及变态反应性疾病（过敏性皮炎、哮喘等）。

（二）氡

放射性稀有元素氡已成为居室中的无形杀手。氡是环境污染的严重公害之一。氡及子体是一种金属微粒，可以吸附在空气中的灰尘微粒上，它随时能被人吸入体内并继续放射性衰变从而诱发肺癌，已成为仅次于吸烟的第二大致肺癌因素。

氡的主要来源是地基及附近的土壤，此外还有建筑和装饰材料、燃煤燃气及生活用水等。如墙壁、地板、天花板和厨房卫生间设备的建筑材料，某些花岗石、釉面砖有较强的放射性。特别是如果家庭生活用水中富含氡，也可以成为室内氡的重要来源。

（三）苯、苯酚类

苯和苯酚类是有毒物质，经呼吸道或皮肤吸收进入人体后，可影响神经系统，破坏肝、肾功能。其来源是涂料等装修材料。

（四）一氧化碳

一氧化碳对人体有致命的危害，一氧化碳进入人体之后，通过气管和肺泡，与血液中的血红蛋白相结合，使血液的输氧机能受到抑制，导致肌体出现缺氧的各种症状：头痛、眩晕，甚至死亡。

三、室内防污植物的研究与选择

室内花草是防止室内的化学污染的有效方法之一。用绿色植物布置装饰室内环境，建设“绿色家庭”，是消除室内化学污染，提高居室环境质量，建立室内和谐秩序与舒适度的有效途径。

（一）室内防污植物选择的原则

①针对性原则。针对室内空气品质而选择防污植物。②多功能原则。即该植物防污范围较广或种类较多。③强功能原则。可以使有限空间的植物完成净化任务。如龟背竹，其一是能在夜间吸收二氧化碳；其二是吸收二氧化碳的能力为一般植物的6倍。④适应性原则。即所选物种适合室内生长并发挥净化功能。⑤充分可利用性原则。⑥自身防污染原则。

（二）室内防污植物选择

花草植物之所以能够治理室内污染，其机理是：化学污染物是由花草植物叶片背面的微孔道吸收进入花草体内的，与花卉根部共生的微生物则能有效地分解污染物，并被根部所吸收。根据科学家多年研究的结果，在室内养不同的花草植物，可以防止乃至消除室内不同的化学污染物质。特别是一些叶片硕大的观叶植物，如虎尾兰、龟背竹、一叶兰等，能吸收建筑物内目前已知的多种有害气体的80%以上，是当之无愧的治污能手。

四、居室绿化植物的选择与配置

（一）室内植物装饰的形式

室内植物装饰形式，是主人根据自己的爱好，按照空间大小、功能来确定的，装饰形式千变万化，艺术造型层出不穷，常见的有盆栽式、悬垂式、攀缘式、水养式、壁挂式、瓶栽式、组合式等。

（二）居室植物选择

在选用室内花卉布置环境前，需要考虑植物选择、环境特点等一系列的问题，减少室内花卉选择的盲目性。因居室受各方面条件限制，选择植物时首先要考虑哪些植物能够在居室环境里找到生存空间，如光照、湿度、温度、通风条件等。从植物布置上遵循室外景观设计的基本原理，完美的植物景观，必须是科学性与艺术性两方面的高度统一，既要满足植物与环境在生态适应性上的统一，又要通过艺术原理体现出植物个体及群体的形式美及人们在欣赏时所产生的意境美。室内植物景观设计同其他景观设计一样，尺度、比例、和谐、重复、均衡、韵律等基本原理是共同的。但由于采用的材料及设计的空间特性不同，具体运用时，其处理技巧便不同，对基本原理有着不同的解释。只有把匀称协调的构图布局、花卉造型及色彩等统筹安排、灵活运用，才能给人以理想的艺术感受。

1．室内植物种类选择

（1）选择常绿耐阴植物或吸收有毒气体能力强的植物

室内绿化材料应选择适宜长期摆放的、无毒无异味的乡土观赏花木，以耐阴植物为主。因居室内一般是封闭的空间，室内光照不强，大多数阳性花卉在室内生长不好，只能在开花结果后移入室内观赏，所以选择植物最好是较长时间耐荫蔽或可在室内光照有限的条件下，保持观赏价值，正常生长的阴生观叶植物或半阴生植物，同时能吸收室内有害气体的品种，以适应室内环境。

（2）要根据室内不同的光照环境选择不同生态习性的植物

不同的植物对光照的要求是不同的，大多数赏花植物喜光；有一些植物喜半日照；极少数观赏植物喜弱光；但几乎没有一种植物能在完全黑暗的条件下生长旺盛。大多数居室有朝北或朝南的窗子，也有一些居室是朝东或朝西的窗子。窗子的朝向不同，光照的强弱也不一样，所以，相应可栽植的植物也有差别。

①阳光充足的地方，南窗是一天中光照最长、阳光最充足的地方。每天能有5h以上的阳光照射。因阳光充足，四季如春，是最适合室内花卉生长的地方，绝大部分室内花卉都可以选择。

②有部分直射光线，东窗在早晨有3～4h不太强烈的光照（该种光照对植物生长有利），西窗的阳光光照时间与东窗差不多，但是下午的日照对植物有害。在靠近东窗和西窗附近以及距南窗的80cm处的室内有一部分直射光线，光照也比较充足。绝大部分室内花卉在这里都能很好生长。夏季直射光线太强时要适当遮光。

③有光照但无直射光线在距南窗的1.5～2.5m处，或其他类似光条件的地方，不能放置观花植物，但有一些耐阴的观叶植物可以保持正常生长。如文竹、观叶类海棠、金鱼藤、六月雪、万年青、常春藤、龟背竹、豆瓣绿类、喜林芋类、冷水花、绿萝、黄金葛、鹅掌柴和白鹤芋等。北向居室，光照较少，适宜的有橡皮树、龟背竹等。

④半阴条件接近无直射光的窗户或有直射光的窗户比较远。从光照强弱来说，北窗最弱，仅有亮光，没有阳光光照。北向居室室内光线较弱、温度较低，宜选用君子兰、八角金盘、蕨类、竹芋、龟背竹、万年青、兰花、棕竹、虎尾兰、印度橡皮树、天门冬、吊竹梅、铁线蕨、一叶兰、虎尾兰、鹿角蕨、豆瓣绿（椒草类）、琴叶榕、发财树、凤梨、爵床、印度橡皮树、广东万年青、鹅掌柴、散尾葵、喜林芋、常春藤、白粉藤、袖珍椰子、棕竹、吊兰等观叶花卉。

⑤阴暗处离窗比较远，这里只能选择观叶植物中最耐阴的种类，例如万年青、一叶兰、蕨类、千年木类、八角金盘、白网纹草、绿萝、常春藤、竹芋类、喜林芋类和虎尾兰等。这些植物并不是在阴暗处生长最好，只是忍耐荫蔽的能力较强，但也要过一些时期进行更换。

（3）应考虑植物的采光及与人的健康关系

观叶植物与仙人掌类及多肉植物堪称室内植物装饰的最佳组合。

观叶的盆栽植物一般都是常绿的树木花草，四季常青，不受季节限制，但大多怕阳光直射、耐阴，对干燥环境忍受能力较差。而仙人掌类及多肉植物大都具有很强的耐干旱、抗高温特性，特别能适应高层住宅较为燥热的环境，而不能忍受长期阴湿环境。

每个房间有不同的温度、光照、空气湿度，因此必须根据每个具体位置的条件去选择合适的植物品种，给植物生长创造适宜的条件。一般来说，可将观叶植物置于光线较少的某个角落，把仙人掌类及多肉植物摆放在光照充足的明亮处，多让其见光。这样的搭配组合，不仅可以充分利用室内空间，而且为植物提供了适宜的环境，有利于植物的生长发育。同时也有美化环境、净化空气的功能。

植物白天进行光合作用时，吸收二氧化碳、放出氧气，晚上则相反。为此，有人认为，夜间不能把植物放在室内，特别是不能放在卧室内。其理由是担心室内绿色植物在夜间呼吸需要吸收大量氧气，放出二氧化碳，从而导致室内氧气不足，影响人体健康。实际上，现代科学测定表明，白天植物进行光合作用，放出的氧气远远多于它本身呼吸所需，夜晚虽然停止光合作用，但它的呼吸也是极微弱的。植物在夜间呼吸中放出的二氧化碳只是植物光合作用中吸收二氧化碳含量的20%，仅为人呼出的1/30。这个量对人体健康不会产生任何影响，故人们的担心是多余的。

如若将仙人掌类及多肉植物和观叶植物搭配摆设，就可彻底免除这种不必要的担忧。因为仙人掌类或景天、石莲花、落地生根等景天科及多肉植物，大多原产于美洲与非洲的热带沙漠干旱地区，为适应当地的自然环境，在干旱酷热的自然条件下形成了一种奇特的本能和其他植物不可比拟的生物特性。其奇形怪状的肉质茎中，富含胶质浆液，贮存了大量不易被蒸发掉的水分，且茎表皮层为角质的栅状组织，并在表面具有蜡质油光。其上的气孔小而稀，并在白天进行光合作用时能紧闭气孔，防止水分的蒸发，能忍较长时期的干旱，堪称“荒原战士”。更奇特的是它们体内具有贮存二氧化碳的微妙仓库，即通过肌体内的有机酸，与夜晚打开气孔而吸收的二氧化碳发生化学反应，变成另一种有机酸保存下来。

仙人掌类植物的种类繁多，常见的有各种不同形状的仙人掌、仙人球、仙人山、蟹爪兰、昙花、令箭荷花等，都是些外表美观、花朵鲜艳的阳性或半阴性花卉，适于室内盆栽莳养，冬季室温不低于5～7℃时，可以安全越冬。但冬春间开花的蟹爪兰、仙人指等，室温宜保持10～15℃为宜。可在大客厅次光区设置大型棕榈类观叶植物；向阳的窗台的强光区摆放仙人掌类及多肉植物；弱光区放置阴生植物如花叶芋等。小居室则在阳光充足处摆设小巧玲珑的仙人掌类及多肉植物；较阴暗处设置小型观叶植物或婀娜多姿的垂吊植物，采用一些园林性的装饰手法，就会构成参差不齐、色彩和形态各异的和谐的群体艺术效果。

综上所述，观叶植物和仙人掌类及多肉植物在正常的生长环境下，各有其特定的形态，造景优势明显，但也有自身的弱点与劣势。如若将二者有机地结合起来，在室内装饰中合理地配置，就会扬长避短，进而达到造福于人类的目的。

2. 植物形体大小及比例

有的室内植物株型高大，如鱼尾葵，高达数米，而且可以长期在室内环境中生长；也有株形很小的，如斑纹凤梨，小到可放在几厘米直径的小盆内观赏；更多的是中等大小的植株如变叶木等。但另外有大量的多年生草本花卉，像白网纹草的高度不会超过十几厘米，冠径也不会长得很大。室内绿化材料的选择要注意比例适度，“少、小、精、简”的原则。植物的形状、大小要与居室相协调，要根据室内空间的大小和陈设物的多少来选定植物的体量和数量。由于室内空间有限，装饰植物一般又不宜占用太多的空间，因此在装饰之前，必须根据厅堂、居室面积的大小，室内器具摆设方式以及用途的不同，依照植物的生态习性及美学原理，采用不同艺术手法，合理地进行植物装饰，借自然植物的合理摆放来弥补大量家用电器等物体给人们带来的呆板、沉闷之感，使居室变得高雅、温馨、充满生机，达到美化室内空间的理想效果。

（1）室内空间

室内植物在体量上应与周围空间大小相宜。小房间不宜放高大植物，大房间不宜放小植物。选择室内花卉的大小时要考虑室内空间的大小，在大空间的居室内可布置些体大、叶大、花艳、色浓的植物；在小空间的居室内选择体形小的植物，这是最基本的原则，否则会感到比例失调，使人看起来不舒服。

在植株与建筑之间要留有余地。特别是植株上方与屋顶要有空间。另外，在植株的周围要留有较充裕的空间，这样才能充分体现它们株形或叶形的美感。如龟背竹或八角金盘这些具有奇特叶形的室内花卉的周围，如没有通透的空间或浅色的背景，人们就很难注意到这个特点。

①观赏高度室内空间不同于室外，它有高度和视觉的限制，植物不可能像在室外那样有足够的空间供其自由生长，在常规比例的室内空间中，植物的高度不应超过空间的2/3，这除了留给植物以生长空间及光照因子限制外，很重要的一点便是人的视觉感受，超过这一高度会造成空间的局促和压抑。比如一个只有 2. 6m 高的客厅摆放 1 盆高 2m 的植物，即使其他装饰很优雅，摆放的植物很绰约多姿，亦会使整个客厅显得压抑与拥挤；相反，如果是一间层高达 4m 的大客厅，配置的植物却矮于 1m 的小盆花，即使这些盆花很名贵，也会显得不那么起眼。

一般 3m 高的居室内植株不宜超过 2m，以免空间显得局促，有压抑感；如高大的植株一般放于地上和拐角处，给人安全感和稳定感；中型植物可放置窗台或花架茶几上；小型植株可置于书案、茶几或其他家具低于视线或与人们视线平行的位置，便于近距离细细品味观赏，如斑纹凤梨、文竹等。

当选用某种色彩和形态上较有特色的植株做主景时，大居室不超过 3 盆中大型植物，小居室有 1 ~2 盆足矣。插花、壁挂式盆景与一般盆景不宜过多，微型盆景可适当多点，但一般也以博古架形式作为一件作品进行摆设。色彩艳丽的花卉盆栽以小为主，一般 1 ~2 盆即可。总之居室绿化以简、精为主，过多则显零乱无序。室内摆放花卉切忌过多，否则会给人以杂乱、堵塞之感。一般二居室摆放花卉以 10 盆以内为宜。

②观赏距离选择室内花卉还要考虑观赏距离和植株体形大小的关系。在室内绿化、美化及盆栽陈设中，要给人留 60 ~ 75°的上下视野和 120°的水平视野以满足人视觉的要求。花卉摆放的位置要使人看了舒服。高大的植株比较适合在较远的距离观赏。最好一进屋，甚至在远远的屋外就可以很清楚地看见它，和整个房间在一起给人一个整体的效果。所选择植株的大小还和它们所放的位置有关。大的植株，如大型榕树、散尾葵等，要放在或种在地上，这样能给人以安全和稳定的感觉。中等大小的室内花卉，如花叶扶桑、变叶木等，可以放在窗台上或花架上。当人们坐在沙发上和站在屋中间的位置时，很容易感觉它们的存在和很方便地观赏它们。小株形的植物如项链掌和吊金钱的叶片不到 1cm，最好把它们放在茶几、书桌或组合柜中和人视线平行的删格中，它们是供人细细品玩赏的，需要在近距离内观赏。

盆栽盆景通常应与人的视平线相平；悬崖式盆景或垂吊式花卉则宜摆放在高出视平线处；山水盆景以及顶部开花的花卉，应放置在视平线略下的位置上。

3. 植物色彩的运用

室内植物的色彩布置要与居室的环境相协调。人的视野所及的首先是物体的色彩，然后是形体、质地等。色彩能给人以美的感受并直接影响人的情绪。室内绿化装饰，室内色彩的运用，要考虑房间大小、采光条件及家具颜色等因素。环境如果是暖色，则应选偏冷色花卉；反之则用暖色花。这样既协调又有一定的色彩反差与对比，更能衬托出配置植物的美感。植物布置时，不同的色彩与室内气氛的创造有直接关系。比如红色、橙色和黄色使人感到温暖；白色、绿色、蓝色使人感到冷凉。由于色彩丰富，变化万千，在室内花卉装饰时，要因环境和光源条件而异，不拘一格，但居室装饰的色调宜清淡、雅致，力求环境安详、宁静。对植物色彩的配置要以绿色为基调，配置其他色彩。

室内植物以观叶植物为主，叶片大部分含叶绿素，因而以绿色为基本色调。绿色温度的感觉居于冷色和暖色之间。绿色有深绿、油绿、浅绿、粉绿、蓝绿等之别，各种深浅不同的绿色植物配置在一起，既富于变化又处于一个统一的绿色基调中，因此总是给人以和谐与悦目的感觉。绿色叶片除了颜色深浅不同外，质地的差异也很大。橡皮树、龟背竹和喜林芋等具有革质光泽的叶片；而合果芋等叶片为粉绿色的纸质叶。将它们配置在一起，会由于对比效果而使各自的特点更加突出。浅绿色或带有较大面积的黄、白斑纹的观叶植物给人以清凉的感觉。炎夏季节，宜选用浅绿色或淡黄色、光亮翠绿的植物，如冷水花、白网纹草、白花叶芋、白蝶合果芋等含有较多花青素的叶片，黄色和白色占很大比重，就能起到这种作用。

（三）不同功能居室中绿化植物的配置

用植物点缀居室既美化空间，又可使人们享受到生机盎然的自然美。居室由于空间的性质、用途不同，在植物装饰上也应有所区别和侧重。应根据居室不同功能，进行适当的配置。为求居室美观、舒适，在进行室内绿化装饰设计时，应根据实际情况，因室因花制宜，不同居室采用不同种类的花卉装饰手法。应充分利用空间及边角地合理布局，利用吊盆、壁挂等手段进行家居装饰。

1. 客厅

客厅无论大小，都应追求一种优雅、轻松的气氛。从目前一般的客厅条件来看，大多摆设茶几、沙发、电视机等，它是家人团聚及接待宾客的主要场所。客厅布置风格应力求典雅古朴、美观大方，使人感到美满、舒适，不宜过杂，并要考虑按家具式样与墙壁色彩来选择合适的植物种类。注意中、小搭配，植物的摆放以墙角、几架、壁面和空中等处为最佳位置。大客厅的角落、沙发旁边或闲置空间可放置耐阴、厚叶的、大（高>1.2m）、中型（高0.8~1.2m）观叶植物。如棕竹、苏铁、橡皮树、散尾葵、袖珍椰子、龟背竹、万年青、巴西木、红宝石、绿宝石、棕榈、鸟巢蕨等；以绿色掩饰阴角空间；小客厅则应选用小型植物和藤蔓类植物。

2. 餐厅

饭厅是家人团聚、进餐的地方，应选择使人心情愉快、可增进食欲的绿化植物装饰。一般宜配置一些开着艳丽花卉的盆栽，如秋海棠和圣诞花等，以增添欢快气氛。

配膳台上摆设中型盆栽可起到间隔作用。饭厅周围摆设棕榈类、凤梨类、变叶木、非洲紫罗兰、秋海棠等叶片亮绿或色彩缤纷的大、中型盆栽植物，餐厅中央可按季节摆放春兰、秋菊、夏洋（洋紫苏）、冬红（一品红）。餐桌上面可挂一盆吊兰，与餐桌上的花卉上下呼应，显得“潇洒”而又浪漫。花木苍翠郁郁葱葱的就餐环境，令人食欲大振。用餐区的清洁十分重要，因此，最好用无菌的培养土来种植。

3. 厨房

厨房一般面积较小，且设有炊具、食品柜等，又是操作频繁、物品零碎的工作间，因此，不宜放大型盆栽。同时厨房是烹饪之地，烟气多、污染大，温度、湿度也相对较高；且通常位于窗户较小的朝北房间，阳光少，应选择一些适应性强和抗烟、抗污、喜阴的小型盆栽、吊挂植物。

在食品柜的上面或窗外也可选用小杜鹃、小松树、小型龙血树、仙人掌、蟹爪兰等环境要求不高的植物，或大王万年青、星点木、虎尾兰、龙舌兰等防污能力强的植物。在靠灶具较远的墙壁上可选用鸭跖草、吊兰等垂吊植物制成吊盆。为了避免花粉掉入食物中，一些花粉较多的花卉，如大丽花、唐菖蒲和百合花等，不宜选为厨房装饰之用。

4．卧室

卧室是人们休息、睡眠的地方，每天至少有三分之一的时间在这里度过，因而它对于人们有很大影响。目前，就大多数家庭而言，卧室面积都不大，空间有限，加上摆满了各种家具，因此，卧室的植物配置应以点缀为主，要装饰得轻松、舒畅，应突出温馨和谐、雅静幽芬的特点。也就是说，卧室的植物种类不宜过多，色彩不宜过浓，以形成轻松、宁静、舒适的气氛，有利于休息和睡眠为主。应以中、小盆或吊盆植物为主。不宜采用橡皮树、斑竹等粗枝大叶、色浓、形硬、斑纹对比强烈的大型植物。因此类植物叶型巨大，多显得生硬、单调，且有恐怖感。卧室一般最适宜叶色淡绿、婀娜多姿、小叶、柔软、色彩淡雅的观叶植物或带有淡淡香味的花卉。如文竹、蕨类观叶植物，因其叶小而富于柔性，令人心情舒适，具有松弛情绪的效果。向阳的窗台，通常通风和光照较好，可以布置盆栽的低矮花卉或香型小植物，如桂花、米兰、茉莉、水仙、兰花、君子兰、茶花、月季、含笑等淡色花香植物，它们散发的香气，能松弛神经。或布置石榴、仙客来等小型观花植物。东向和北向的窗台上，可摆放兰花、杜鹃花等植物。在桌几和案头，可放置树桩盆景和小型观叶植物，如斑叶芦荟、矮生虎尾兰、彩叶秋海棠、竹芋类等矮小盆花。较高的柜头、花架上或镜框线上，可布置蔓生的乳纹椒草、金边吊兰、蟹爪兰、天门冬、鸭跖草、蔓绿绒、绿萝、花叶常春藤等悬垂植物。在墙角用万年青、小型棕竹等盆栽布置。卧室摆放的植物宜少不宜多，尤其颜色不应太杂，以免使人眼花缭乱，产生不安宁的感觉。

居室绿化还应根据居室的不同对象采用不同的布置方式。青年人的卧室可采用对比度强烈鲜艳的插花、盆花；老年人的卧室，花卉色调宜突出清新淡雅，室内植物以常绿植物为好。如摆放一盆青松。既典雅又有长寿延年之意，而罗汉松、千岁兰、万年青、长寿花等，寓意长命百岁。龟背竹、一叶兰、虎尾兰等，有长年不衰、平平安安之意。儿童居室绿化布置，可针对孩子有“新、奇、乐”的心理特点来进行。应选择一些色彩鲜艳、无刺无毒的植物品种，如彩叶草、捕蝇草、变叶木、竹芋、花叶芋及斑点万年青、花叶景天、西瓜皮椒草等；在儿童写字台旁放置两盆小型观叶植物如巴西铁、黄金葛等能减轻眼睛疲劳，有效保护儿童视力，但应尽量不悬吊植物及多刺植物。根据个人审美情趣、性格选择植物材料，体现主人的气质、情操、志向和文化修养。

第四节 市郊绿化工程生态应用设计

城郊景观处于过渡区域，为生态脆弱带，既有自然景观又不断产生人为干扰景观，是人与自然接触的枢纽。在进行城市环境绿化规划时，要尽量保持其自然景观，加强城郊景观与城市园林绿化网络的连通，再进一步加强城市景观与自然景观模地的连通，这是城市大环境绿化的要求。另外，城郊地形丰富、自然条件较优越，同时，城郊之间有大片的过渡地带，纵横交错的河渠、道路和众多的湖塘，可充分利用这些有利条件建设自然风景区、森林公园、自然保护区、防护林带、环城绿化带、林荫大道、森林大道等，使之与园林绿化网络贯彻、加强两者之间的交流，缩短人与自然的距离。

园林生态园林建设可以控制城市规模过快扩展，促进老城区改造和第三产业的发展。生态园林发展会带动第三产业的壮大，如家庭养花、阳台绿化、鲜切花的生产与消费；森林旅游、森林文化等兴起，会促进社会稳定和经济繁荣。

郊区绿地可由中心城外围菜地、农田以及城市规划区内的大型风景区和海域构成。以农业和林业为基础，包括农田、海岸和河岸防护林网，荒滩宜林地，风景名胜区等组成大地绿地系统，它是保障大环境生态平衡的基础。

一、环城林带

城市气候的基本特征之一是具有“热岛效应”。为了改善城区炎热的气候环境，可在整个城区周围和各组团周围营造大片林地或数公里或数十公里宽的环城森林带，使城区成为茫茫林海中的“岛屿”，则可产生城区与郊区间的局地热力环流（乡村风）。城区气温较高，空气膨胀上升，周围绿地气温较低，空气收缩下沉，因而在近地面周围郊区的凉风向市区微微吹去，给城区带来凉爽的空气。

环城林带主要分布于城市外环线和郊区城镇的环线，从生态学而言，这是城区与农村两大生态系统直接发生作用的界面，主要生态功能是阻滞灰尘，吸收和净化工业废气与汽车废气，遏制城外污染空气对城内的侵害，也能将城内的工业废气、汽车排放的气体，如二氧化碳、二氧化硫、氟化氢等吸收转化，故环城林带可起到空气过滤与净化的作用。因而环城林带的树种应注意选择具有抗二氧化硫、氟化氢、一氧化碳和烟尘的功能。

环城绿化带的建设以生态防护建设为主，是以改善园林生态环境为主要功能的生态防护林带。其环城林带是一项大规模的系统工程，与绿地、农田、水域、城市建筑浑然一体，相映生辉，增强了城市边缘效应，成为生物多样性保护基地，搞好这一地区的绿化，不但减少城市地区的风沙危害，而且会提高整个大环境的质量。

市郊必须在国道和市级干道、铁路与河道两侧开辟 10 ~ 100m 不等的绿化带，在一般公路、郊区铁路和河道两侧开辟 10 ~ 20m 宽的林带，在高速公路、国道和三环线两侧的林带要达到 50 ~ 100m 的宽度。在河流两侧要营造 50 ~ 100m 宽的绿化带，县级河道要有 10 ~ 30m 宽的林带。这些郊区绿化系统可以直接与市中心区绿化系统联结起来，将郊区的自然生机带进市区，对改善市区生态环境发挥重要作用。

二、市郊风景区及森林公园

森林公园的建设是城市林业的主要组成部分，在城市近郊兴建若干森林公园，能改善城市的生态环境，维持生态平衡，调节空气的湿度、温度和风速，净化空气，使清新的空气输向城区，能提高城市的环境质量，增进人民的身体健康。

在大环境防护林体系基础上，进一步提高绿化美化的档次。重点区域景区以及相应的功能区，要创造不同景区景观特色。因此树种选择力求丰富，力求各景区重点突出。群落景观特征明显，要与大环境绿化互为补充，相得益彰。乔木重点选择大花树种和季相显著的种类，侧重花灌木、草花、地被选择。

重点建设观赏型、环保型、文化环境型和生产型的人工植物群落。

在郊区道路的树种的选择与配置上，应栽植一些喜光、抗旱、易成活、易管理、吸附能力强的树种，起到净化城区空气、改善城区环境质量、防风固沙的作用。并为市民节日提供游憩和休息场所。为了满足人民生活需要，在郊区可以发展各种果木林和一些经济树种等，构成城市森林的重要组成部分。同时环城路和郊区的行道树绿化区对市区起到一种天然屏障的作用。

现代城市的园林建设，并不局限于市区，而是扩展到近郊区乃至远郊区，甚至把市区园林同郊区园林构成一个有机的整体。市区同郊区，既有其特色，又有总体上的协调。市区园林建设要反映城市园林景观的特点，并且塑建若干名山大川的人工造型，而郊区园林建设则以当地自然景观为主体，建造若干反映我国传统园林特色的亭台楼阁，使市区园林和郊区园林在总体设计和布局上形成一个观光、游览、欣赏、修养的场所。

三、郊区绿地和隔离绿地

在近郊与各中心副城、组团之间建立较宽绿化隔离带，避免副城对城市环境造成负面影响，避免城市“摊大饼”式发展，形成市郊的绿色生态环，成为向城市输送新鲜空气的基地。

市郊绿化工程应用的园林植物应是抗性强、养护管理粗放、具有较强抗污染和吸收污染能力，同时有一定经济应用价值的乡土树种。有条件的地段，在作为群落上层木的乔木类中，适当注意用材、经济植物的应用；中层木的灌木类植物中，可选用药用植物、经济植物；而群落下层，宜选用乡土地被植物，既可丰富群落的物种、丰富景观造成乡村野趣，也可降低绿化造价和养护管理的投入。

郊区的绿化以环城景观生态林带、环城生态防护林带建设为骨架，结合市郊风景区及森林公园建设进行。这些绿带与城区绿地连在一起，构成较为完整的城郊绿化新体系。在树种选择上要多样化，在植物配置上要合理化，从而形成多树种、多层次、多功能、多效益的林业绿化工程体系。

近郊为市民提供游憩和保健所需的森林环境；远郊则在提供满足多种林产品需求的同时，形成一道城市外围生态屏障；郊县绿化既是大林业向致力于改善城市环境方面的延伸，又是城市园林事业面向更大空间的扩展。郊县绿化对改善园林生态环境有着至关重要的作用，它的主要目标是通过绿化、美化、净化和生产化来改善城市的生态环境，同时还兼顾城乡经济发展的需要。要通过建设高速公路、国道、省道绿色通道，江河湖防护林体系，以苗木、花卉、经济林果、商品用材林为主的林业产业基地，森林公园和人居森林以及森林资源安全保障体系，迅速增加森林资源总量，大力发展城郊林业产业，增强生态防护功能，促进农业增效、农民增收。

四、园林生态园林郊县绿化工程生态应用设计的布局构想

（一）生态公益林（防护林）

生态公益林（防护林）包括沿海防护林、水源涵养林、农田林网、护路护岸林。依据不同的防护功能选择不同的树种，营建不同的森林植被群落。农田林网分布于农作物栽培区，起到改善农田小气候，保障农作物高产、稳产的效用。

（二）生态景观林

生态景观林是依地貌和经济特点而发展的森林景观。在树种的构成上，应突出物种的多样性，以形成色彩丰富的景观，为人们提供休闲、游憩、健身活动的好场所。海岛片林的营造应当选用耐水湿、抗盐碱的树种，同时注意恢复与保持原有的植被类型。

（三）果树经济林

郊县农村以发展经济作物林和乡土树种为主，利用农田、山坡、沟道、河岔发展果林、材林及其他经济作物林，既改善环境又增加了收入。这是城市农业结构调整中重点发展的生产领域，成为农业经济中大幅上升的增长点。但是提高科学管理水平，减少化肥农药的使用，生产优质无公害果品，是当前水果生产上的重要课题。要发展农林复合生态技术，根据生态学的物种相生相克原理，建立有效的植保型生态工程，保护天敌，减少虫口密度。

（四）特种用途林

因某种特殊经济需要，如为生产药材、香料、油料、纸浆之需而营造的林地或用于培育优质苗木、花卉品种以及物种基因保存为主的基地，也属于这一类型。

各种生态防护林的建设根据其具体情况和环境特点进行人工植物群落的构建，有关各种防护林的构建技术，许多林业学者都进行了较为深入的研究和探索，并取得了较为成形的经验。

五、市郊绿化植物的配置原则

（一）生态效益优先的原则

最大限度地发挥对环境的改善能力，并把其作为选择园林绿地植物时首要考虑的条件。应因地制宜地根据不同绿地类型功能的需要而选择相应生态功能和绿量皆高的植物，配置以乔灌草藤复层结构模式为主。

（二）乡土树种优先的原则

乡土植物是最适应本地区环境并生长能力强的种类，品种的选择及配植尽可能地符合本地域的自然条件，即以乡土树种为主，充分反映当地风光特色。

（三）绿量值高的树种优先原则

单纯草地无论从厚度和林相都显得脆弱和单调，而乔木具有最大的生物量和绿量，可选择本区域特有的姿态优美的乔木作为孤植树充实草地。

（四）灌草结合，适地适树的原则

大面积的草地或片植灌木，无论从厚度和林相都显得脆弱和单调，所以，土层较薄不适宜种植深根性的高大乔木时，须种植草坪和灌木的灌草模式。

（五）混交林优于纯林的原则

稀疏和单纯种植一种植物的绿地，植物群落结构单一、不稳定，容易发生病虫害，其生物量及综合生态效能是比较低的。为此，适量地增加阔叶树的种类，最好根据对光的适应性进行针阔混交林类型配置。

（六）美化景观和谐原则

草地的植物配置一定要突出自然，层次要丰富，线条要随意，色块的布置要注意与土地、层次的衔接，视觉上的柔和等问题。

街道绿化的规划建设是一个系统工程，一定要按规律按原则来办，减少随意性，加强科学性，才能真正创造出具有鲜明特色的绿色环境。

在树种的配置上要做到“水平配置”与“立体配置”相结合，所谓“水平配置”是指在以上生态林中各林种的水平布局和合理规划，在与农田及其水土保持设计的结合上，综合考虑当地的地形特征，一般作为水土保持体系，树种选择要突出防护功能兼顾其他效益，森林覆盖率须达30%～50%。所谓“立体配置”是指某一林种组成的树种或植物种的选择和林分立体结构的配合形式。根据林种的经营目的，要确定林种内树种种类及其混交方式，形成林分合理结构，以加强林分生态学稳定性和形成开发利用其短、中、长期经济效益的条件。

第五章 城市景观绿化设计

第一节 城市景观设计与思维进展

一、城市景观规划设计与网络思维

网络是现代社会中使用频率最高的词汇之一。网络无处不在，从足球表面图案到围棋、蜂窝、树叶叶脉、心血管系统等，都呈现出不同的网络形态，其中网络也与城市景观设计有着内在的关系。凯文·林奇（Kevin Lynch）关于城市意向五要素就清晰地表达了城市景观的网络特征：一是路径，即城市网络中的线；二是边界，即界定城市网络的边缘；三是区域，即一定范围城市网络中点、线、面的集合；四是节点，它可以是路网的交点，也可以是景观视线的交点，可以解释为城市网络中线性要素的交点；五是标志物，即众多节点中突出的节点。只要了解网络概念，把握几个关键要素，人们就能很快获得一个城市的整体印象。这就要求我们通过理解城市景观存在的这种网络现象，并运用网络的思维方式去塑造城市景观，使之人性化，同时可以有机生长并符合自然发展规律。规划师和建筑师在景观规划设计中的思维不应是直线式和单向式的，而应是具有网状结构式的思维。只有具备了网络思维，才能更好地理解城市景观的网络特征，才能创造出联结性强、均匀性高、层次丰富、弹性好、样式多、可以持续发展并不断完善的城市景观网络。

（一）景观网络的基本概念

城市景观网络并非只是孤立的点、线、面的简单集合。由于城市是人类政治、经济、文化、社会活动的场所和载体，城市景观因人的存在和人的活动而具有意义。因此，只有把城市景观与人的活动联系起来作为一个网络系统去对待，才有可能产生高质量的城市景观设计。

1. 定义

网络是一系列相互连接的点和线构成的平面或空间网状物。在城市景观中，网络是各种景观元素组成或叠加形成的系统。城市景观网络是自然的或人工规划设计的相互连接的空间形态，主要由自然要素（如植被带、河流、山川）和人工要素（包括公园、街道、广场、建筑物）组合而成。在这个网络中，景观节点（如公园、广场、街头绿地、庭园等）和景观走廊（如街道、滨水开敞空间、楔形绿地）相互联系，共同构成一个有机、多样、高效、动态的景观结构体系，共同维持良好的城市感知效果以及城市与自然的和谐关系。城市景观网络有着自身的特征：首先，景观网络是均匀的、单元独立的、易于拼接和可以生长（复制）的，具有连续性的；其次，景观网络的元素不是简单的分散，而是一种形散而神不散的关系，分散的点、线、面都有内在的联系。

2. 构成

景观网络可以分成很多种。从层次上可以划分为宏观、中观和微观网络：宏观层面的景观网络可以是城市群或更大区域的景观或生态网络；中观层面的景观网络可以是城市里的绿地系统网络或广场网络等；微观层面的景观网络可以是某一街区或街坊等小范围的景观网络。从角色的转换上可以分为实体景观网络与空间景观网络；实体景观网络如街道两旁的建筑物系列与广场上的雕塑等构筑物系列所形成的实体网络；空间景观网络如建筑物所围合的街道、硬质广场空间和绿化水系空间等虚体网络。从景观网络的形态上可以分为方格网、蜘蛛网、树枝网和组合网络等。

3. 特征

(1) 层次性

城市景观网络的各个元素都是有层次的，包括景观节点、景观轴线和景观区域。不同层次的景观元素服务于不同等级的区域范围，并产生影响。就一个城市而言，标志性建筑也有层次性，包括全市的、区域的、一个街道的或地段的建筑。如果本身应该是区域性的标志，就不要使其成为全市性的标志，否则将得不偿失。这样不仅会降低其美学价值，而且要付出极大的经济代价和社会代价，甚至是政治代价。

(2) 交换性

在城市景观节点和景观区域之间的交汇地带，通常会存在多种能量的流动、物质循环，以及信息的传递和交融，如人流、物流、车流、信息流等。我们在进行城市规划和景观设计时，节点和通道的处理就显得尤为重要。因此，节点处的建筑、广告、绿地、广场等设计应该结合景观要求，为各种物态和信息的交流与互换提供多种可能的、互通式和无障碍的联系。

（3）联结性

联结性即指城市景观要素之间存在一定的联系。一般而言，城市网络主要是通过道路网络来联系的，而景观网络通常和道路的网络有重叠的关系。然而，景观网络并非被动地服从道路网络，我们应该重视生态景观网络在生态恢复、经济发展、社会学等方面的作用。因此，在进行城市规划设计中，景观网络与城市道路网络的要求应该同时考虑，而且景观网络可以比城市道路网络考虑得提前一些。

（4）多样性

景观的类型多种多样，包括铁路、公路、街道、河流、山脉、广场、建筑群体、公园、街头绿地等。它们共同反映了景观的不同类型和不同层次。城市社会是多元化的社会，否则是不公平的，应该让不同的利益团体、不同的群体各得其所，真正地体现城市景观的多样性。

（5）有序性

事物发展的一般规律都是从小到大、从短到长、从慢到快、从点到线、从线到面、从面到体的。在城市建设中，网络发展的次序性与资源有关。尤其是在我国当前资源较为匮乏的条件下，建设的次序性显得尤为重要。我们必须先做最紧急的、最需要的事，也就是最有效的事。

（6）有效性

景观网络质量的高低直接体现在空间格局与景观生态功能两个方面，它可以反映景观网络的有效利用状况。一个成功的城市景观网络可以充分发挥其有效的作用，也就是它能够很好地满足各类人群的需求，可以成功地避免负荷过重或是空闲无用这两种极端状态。

（二）景观网络的主要作用

1. 城市功能

从城市生命系统看，景观网络有以下几个功能。

（1）促进新陈代谢

因为城市是个有机体，必须通过螺旋式的、而不是呆板的状态让它循环，城市景观网要起到这样的作用。

（2）平衡社会生态

从景观网络的层次性出发，根据不同的人口分布及各个阶层不同的需求进行布局，以满足各类人的活动需求。

(3）协调人与自然

人工的东西过于集中将会形成对自然的破坏和对抗，通过融合与渗透的手法，把生态景观线或面引入进来，从而缓解这种人工物过于集中而造成的对自然生态的压力与矛盾。

(4）形成安全格局

通过景观网络中人与动、植物的交流，动、植物之间的交流，形成合理、安全的距离，以维护生态的可持续过程。

2. 人本意义

人本意义指的是城市景观网络对人的作用。人本意义不仅体现于城市景观网络的创造者，在规划设计城市景观网络时，而且还要考虑如何去服务周围的人，包括不同阶层的人，特别是那些易于被忽视的弱势群体。人是平等的，人又是多种多样的，所以城市景观网络要体现多样性。对城市景观网络的塑造要考虑使用的方便和宜人的空间尺度。

很多城市花了很多钱去建设大广场、景观大道等形象工程，但景观效果并不理想。这是因为其决策者和设计者没有明白城市景观网络中的关键点在哪里，关键的线和面在哪里。城市社会由多样化的人组成：有富人，有穷人；有受过良好教育的人，也有没有受过教育的人，有不同种族的人、不同年龄的人。这种多样化要求我们在景观规划中满足各种不同社会群体的需求。

3. 审美价值

城市景观网络的构建不仅要考虑景观的空间格局和其生态功能，使其展现出可以被人直接感知的网络空间形态，还要考虑其审美价值。景观网络的设计应符合形式美的基本法则，即遵守节奏与韵律、均衡与稳定、对比与微差、尺度与比例、理性与浪漫等。

(1）节奏与韵律

由相同的元素或几种元素合成一个单元，再像细胞一样不断叠加生长，形成不同层次的城市景观网络，这也包含了很多审美的意义。例如，澳门市政厅前广场铺地，具有强烈的节奏韵律感，不断地重复、不断地叠加与生长，具有网络的意义。广西少数民族村庄的民居，具有相同的建筑形式，如吊脚楼，运用了相同的建筑符号。

(2）均衡与稳定

城市景观网络的各种要素之间的排列与组合，须讲究各种要素比例的均衡与稳定。为了避免呆板，时常除了均匀、规律、对称等形式外，还有渐变、起伏、交错和非对称的处理，追求静态与动态的结合，讲究动态的平衡与稳定。

（3）对比与微差

在城市的景观塑造过程中，对轴线、走廊、节点、标志、景区等景观元素的塑造，一般都会注重虚实的对比或阴阳的对比与和谐。有时运用均质中突然产生变异的景观处理手法，能给人“万绿丛中一点红”、耳目一新和相得益彰的美感。

（4）尺度与比例

小尺度的景观给人亲切感，人们易于亲近和把握，如中国古典园林中就有很多这样的造园要素，诸如假山、水池、凉亭、长廊、小桥和盆景等。大尺度的景观易给人开阔、雄伟、磅礴的气势，如大江大河、人造大地景观等。不同的比例和尺度会给人不同的感官刺激和美的感受。

（5）理性与浪漫

理性与浪漫体现的恰恰是中西方文化的差异。东方文化是感性而含蓄的，就审美价值而言，它追求自由、曲折，强调曲径通幽和步移景异的效果。而西方文化是理性的，它追求规则、直率和一览无余的效果，如意大利的台地园和法国的几何园。

（三）景观设计的网络思维方法

网不同于单调的线，它是由众多的线纵横交织构造起来的，因此呈现出丰富、生动和复杂的格局。既然城市景观具有网络特征，景观规划设计师在景观设计中的思维就不应该是直线式的或单向式的，而应该具备有网状结构式的网络思维。所谓网络思维包含以下特征：

1. 多元互动

多元互动体现的是一种多元的价值观。现在投资主体出现多元化的趋势，投资商、企业、老百姓以及不同利益团体的意见都要充分地反映和体现，而且这也应该受到法律的保护。

2. 系统综合

景观设计者的思维方式必须是系统综合的。这就要求我们在景观设计中自觉地把各种景观要素作为一个系统，每一个系统都是一个网络；而系统与它所处的环境又构成更高一级的系统，即组成更大的网络。在景观规划设计中，我们应该善于运用系统思维，分出层次、重点和次序。

3. 动态思维

随着城市社会的进步和信息化时代的到来，不同区域、不同职业、不同社会地位的人们之间的交往越来越多，思想和文化价值观呈现出多元化和碰撞频繁的趋势，影响景观规划设计的价值观的变化也在加快。因此，我们需要具有时空转换、步移景异、时过境迁的时空动态思维，敏锐地发现和及时抓住城市景观中的新现象和新征兆，敢于创新，以促进城市景观网络的形成和完善。

（四）当前城市景观设计和实施中的某些弊端

从网络的视角来观察城市景观问题，可以发现存在的一些弊端。

1. 网络的联结性减弱

网络的联结性影响到网络的整体综合效能的发挥。一些城市的景观大道单纯为了汽车交通服务，其宽阔的非人尺度的车行道、中心绿化带和过快的车行速度给人行交通带来很大的不便，隔断了街道两侧居民的生活联系，割裂了城市，使城市的某些部分呈现孤岛的效应。

2. 网络的均匀性破坏

景观网络均匀性遭到破坏，主要表现为景观要素在地域上分布不均，特别是供人们休闲的城市绿地和广场数量不够，使城市各部分的居民不能平等享受公共空间和良好的景观。

3. 网络的层次性不够

一些城市往往热衷城市形象工程的景观大道和大广场，为了突出个别市级景观大走廊、城市广场，而忽视更多的、更适宜人们日常使用的街头小绿地和小游园、小广场等。

4. 网络的多样性降低

很多城市大到整个城市风貌，小到居住小区景观，单调、雷同，缺乏多样性。这种情况往往导致人们感到心灵空虚、生活乏味。

5. 网络的弹性丧失

网络弹性丧失主要体现于景观走廊弹性的丧失，突出表现在对城市水系的功能和景观价值的无知。例如，在河道整治美化过程中，走入了八化的误区：

①硬化，即以混凝土代土，减少生物多样性；

②桶化，即高坝围合，阻隔景观通道；

③真化，即裁弯取直，破坏自然遗存；

④简化，即砍树削坡，消除视觉弹性；

⑤非化，即挖沙取石，损害自然面貌；

⑥紧化，即空间压迫，挤占活动场所；

⑦美化，即变明为暗，隔绝人水联系；

⑧污化，即排放三废，形成感官污染。

城市景观中一旦出现了类似八化做法后，便使城市景观网络丧失弹性，失去其生态平衡和良性循环的功能。结果使空气调节能力不断下降，城市热岛效应愈加明显，生物的新陈代谢难以为继，景观的审美价值也受到影响，最终必然导致城市整体环境不断恶化和难以恢复。

城市景观规划师只有具备了网络的思维方法，才能更好地理解城市景观的网络特征，才能创造出联结性强、无效性高、层次性丰富、弹性强、样式多并可以持续发展和不断完善的城市景观网络，形成丰富而富有活力的城市景观空间。

二、环境设计理念创新与实际操作

（一）以人为本体现博爱环境设计的最终目的

人们规划的不是场所，不是空间，也不是物体，人们规划的是体验——首先是确定的用途或体验，其次才是随形式和质量的有意识的设计，以实现希望达到的效果。场所、空间或物体都根据最终目的来设计，以最好地服务并表达功能，最好地产生所欲规划的体验。这里所说的人们，是指景观设计的主体服务对象。规划的是他们在景观中所欲得到的体验，而不是外来者如旅游者、设计师和开发商的体验。但这一点很容易忽略。设计师和开发商会将自己认为好的景观体验放在设计中强加给景观真正的使用者。例如，在历史文化名城保护中所强调的生活真实性就是针对当地人而言的。

在景观规则设计中，设计师对主体服务对象——使用者的充分理解是很必要的。在景观规划设计中，人首先具有动物性，通常保留着自然的本能并受其驱使。要合理规划，就必须了解并适应这些本能，同时，人又有动物所不具备的特质，他们渴望美和秩序，这在动物中是独一无二的。人在依赖于自然的同时，还可以认识自然的规律，改造自然，所以，理解人类自身，理解特定景观服务对象的多重需求和体验要求，是景观规划设计的基础。人是可以被规划、被设计的吗？答案显然是否定的。但人是可以被认识的，所以，不同的人在不同的景观中的体验是可以预测的，什么样的体验是受欢迎的也是可以知道的。人的体验是可以被规划的。如果设计师所设计的景观使人们在其中所得到的体验正是他们想要的，那么就可以说，这是一个成功的设计。

（二）尊重自然显露自然

在钢筋混凝土大楼林立的都市中积极组织和引入自然景观要素，不仅对保持城市生态平衡、维持城市的持续发展具有重要意义，同时以其自然的柔性特征软化城市的硬体空间，为城市景观注入生气与活力。现代城市居民离自然越来越远，自然元素和自然过程日趋隐形，远山的天际线、脚下的地平线和水平线，都快成为抽象的名词了。儿童只知水从铁管里流出，又从水槽或抽水马桶里消失，不知从何处来又流往何处，在全空调的办公室中工作的人们，就连呼吸一下带有自然温度和湿度的空气都是一件难得的事，更不用说他对脚下的土地的土壤类型、植被类型和植物各类有所了解。如同自然过程在传统设计中从大众眼中消失一样，城市生活的支持系统也往往被遮隐。污水处理厂、垃圾填埋场、发电厂及变电站都被作为丑陋的对象而有意识地加以掩藏。自然景观及过程以及城市生活支持系统结构与过程的消隐，使人们无从关心环境的现状和未来，也就谈不上对于环境生态的关心而节制日常的行为。因此，要让人人参与设计、关怀环境，必须重新显露自然过程，让城市民居重新感到雨后溪流的暴涨、地表径流汇于池塘。通过枝叶的摇动，感到自然风的存在；从花开花落，看到四季的变化；从自然的叶枯叶荣，看到自然的腐烂和降解过程。显露自然作为生态设计的一个重要原理和生态美学原理，在现代景观设计中越来越得到重视。景观设计师不单设计景观的形式和功能，他们还可以给自然现象加上着重号，凸显其特征引导人们的视野和运动。设计人们的体验。在这里，雨水的导流、收集和再利用的过程，通过城市雨水生态设计可以成为城市的一种独特景观。在这里，设计挖地三尺，把脚下土层和基岩变化作为景观设计的对象，以唤起大城市居民对摩天大楼与水泥铺装下的自然的意识。在自然景观中的水和火不再被当作灾害，而是一种维持景观和生物多样性所必需的生态过程，自然生态系统生生不息，不知疲倦，为维持人类生存和满足其需要提供各种条件和过程，这就是所谓的生态系统的服务。自然提供给人类的服务是全方位的。让自然做功这一设计原理强调人与自然过程的共生和合作关系，通过与生命所遵循的过程和格局的合作，我们可以显著减少设计的生态影响。

（三）保护资源、节约资源

设计中要尽可能使用再生原料制成的材料，尽可能将场地上的材料循环使用，最大限度地发挥材料的潜力，减少生产、加工、运输材料而消耗的能源，减少施工中的废弃物，并且保留当地的文化特点。德国海尔布隆市砖瓦厂公园，充分利用了原有的砖瓦厂的废弃材料，砾石作为道路的基层或挡土墙的材料，或成为增加土壤中渗水性的添加剂，石材可以砌成挡土墙，旧铁路的铁轨作为路缘，所有这些废旧物在利用中都获得了新的表现，从而也保留了上百年的砖厂的生态的和视觉的特点。

充分利用场地上原有的建筑和设施，赋予新的使用功能，德国国际建筑展埃姆舍公园中众多的原有工业设施被改造成了展览馆、音乐厅、画廊、博物馆、办公、运动健身与娱乐建筑，得到了很好的利用。公园中还设置了一个完整的230km长的自行车游览系统，在这条系统中可以最充分地了解、欣赏区域的文化和工业景观，利用该系统进行游览，可以有效地减少对机动车的使用，从而减少环境污染。

高效率地用水，减少水资源消耗是生态原则的重要体现。一些景观设计项目，能够通过雨水利用，解决大部分的景观用水，有的甚至能够完全自给自足，从而实现对城市洁净水资源的零消耗。在这些设计中，回收的雨水不仅用于水景的营造、绿地的灌溉，还用作周边建筑的内部清洁。尽管从外在表象来看，大多数的景观或多或少地体现了绿色，但绿色的不一定是生态的。设计中应该多运用乡土的植物，尊重场地上的自然再生植被。自然有它的演变和更新的规律，从生态的角度看，自然群落比人工群落更健康，更有生命力。一些设计师认识到这一点，他们在设计中或者充分利用基础上原有的自然植被，或者建立一个框架，为自然再生过程提供条件，这也是发挥自然系统能动性的一种体现。

三、景观工程规划设计理念及手法

（一）景观设计事务所景观设计理念和手法

钻石有别于玻璃，月亮有别于星辰，好的案子需要有创新理念，好的主题需要好的景观设计事务所和景观师去创造、去实现。

优秀景观设计所具有蓝海战略，也就是在国家、区域、城市板块移动建设中具有超前的理性战略目光，合理确立景观所的设计宗旨和企业发展的战略。

景观设计事务所设计理论：地景规划、生态复原、精神文化三位一体。居住、生存、发展是人类永恒的三元主题，人类与自然界在生态、社会、文化、经济上都是相互依存的，人类能否在某个地方定居下来，主要取决于这个地方的环境条件是否满足人们的 3 种需要——生存需要、安全需要和精神需要。

景观设计事务所设计目标：经典，创新，传播。

1. 地景规划—场景（主题）—物态景观—大地肌理美

是一个空间场所序列的布局，应达到承载容量、比例尺度、形态大小、人、建筑和环境的和谐。因此地景规划是确立绿地景观生态网络系统规划设计的理念，是顺应地脉生态发展肌理的场所主题景观规划，我们在做景观规划时要了解大业主（城市运营商——政府、地产开发商等）需要什么、小业主需要什么，同时也了解母体——土地的承载容量是多少，只有对土地承载容量进行详尽的分析，对土地上下承载的建筑物（住宅体和活动硬质空间）、人、植物、动物、微生物，在满足基本功能的前提下进行保护性、创新性、能量释放性的主题景观空间规划，才能按景观规划师的理念将景观造景元素组合成为有序的可持续发展的“景观 DNA”系统，使地形地貌的动感空间和建筑物静态空间序列实现互动，也就是人与自然的和谐。

2. 生态复原—情景（升华）—心态景观—感受生态美

视觉—感觉—启迪，人对场景感悟升华着意识，多维潜移着拓扑出生态情景空间，生态复原设计理念不是单纯的绿色植物生态设计，人和其他物体都需要有一个适宜的空间，在这个空间里，人是主体，但又是生态系统里的一部分，是一个赏景的动体，又是一个景观造景动静态元素，景与观是互动的，以人为本和以生态为本并重的设计才是生态设计，当然生态复原设计包含属地原生态上的保留原生态土质的重要性：自然界是具有生物多样性、物种多样性、基因多样性的生态系统，是由食物链构成的生态金字塔，塔底是孕育万物的土壤、水分等，其上为微生物、昆虫等分解者，位于分解者之上的是将太阳光、水转化为有机物并产生氧气的植物，塔顶为消费者的动物和人类。原有的地球生态系统是亿万年演化而成的，在自身系统内可以完成物质的循环和能量的转换，所以属地原生态表土的保持相当重要，而以往在城市、住区的开发建设中常常忽视这一点，随意弃土、回填土、整土会无意中破坏大地的平衡和生物多样性的原生态环境。因此尽可能保留城市、住区的本土是生态复原的基础。在规划时要注意借景（山、水、树）同时既要保护土壤、防止原生态水土流失，又要做好地形地貌，保护原生态水土流失和形成地形地貌可使原有自然生态系统的保留仅存的野生生物顺着绿脉而得以生存繁衍，而人作为城市和住区的生物主体，也和其他生物一起共生共存。因此在城市、住宅空间规划时既要注意借景（山、水、树）保护土壤、防止原生态水土流失，又要做好地形地貌，形成多样性的地形地貌小环境：起伏的地形是自然界的表象，形成起伏的地形，有一种亲近自然的感觉，有了地形环境的多样性才可能有植物的多样性、生物的多样性，因为人类向往的聚居环境包含了海滨、河流、谷地、森林、岛屿，而森林大部分生长于地形起伏的山岭中，对于绿地面积有限的城市、住区来说，模拟自然的地形是至关重要的，这可以增加绿地面积，形成区域小环境、小气候，有利于地表径流，有利于排水，在南方因地下水位过高引起的植物种植难度系数可相对降低，有利于栽植高大怕湿性景观植物，如雪松等各种各样的植物种类，丰富景观层次，使各类植物在层次上有变化、有景深，有阴面和阳面，有抑扬顿挫之感，进而可做到生态、视觉景观和大众行为的三位一体。

景观在短时间内推倒重来不是生态复原，是出现了景观垃圾，是对大地资源的极大浪费。生态设计是考虑未来的设计。结合雨水收集的水系景观要素规划设计：水是生命的起源，如果把植物比喻成水塔，那水就是其源泉和本底，自然界的水系也是洪水等灾害疏解的渠道。湿地是自然界最富多样性的生态景观和人类最重要的生态环境之一，具有独特的生物多样性，同时湿地系统也是孕育生命的生态系统，建设城市、城镇、住区的水景湿地，有助于改善住宅的生态环境质量和可持续发展。水系利用原则：城市收集和排水系统基于生态观点的设计模式是，阻止和收集—减缓地表径流—蓄水—缓释和灌溉利用。

3. 精神文化—意境（意识）—意态景观—哲学美

哲学层面美，是意识流，是一种融化实体和虚体之间的精神，有文化才可能升值，赋予景观的文化内涵，生态文化（自然美）或社区文化（交流层面），生活品位、品质的提高就在于设计理念的升华，就会产生经典的作品，我们在感悟昨天的历史中对今天的景观进行着实施，就必须考虑实施景观未来的结果，这就是景观文化，如草坪中随意的几块石头让人感受到一种朴实的乡村气息——乡土文化；再如民族文化、地域文化等。

（二）景观设计的步骤

1. 方案

了解基地要细，对宗地的自然属性、周边环境，委托方的要求要吃透，在此基础上进入下一步工作。

方案设计要有经典意识和创新意识，并将文化融入其中，彰显自己的强项，这与景观设计师的教育背景有关，加强自己的弱项学习，创造人与环境的对话，重归人性的场所，在景观视觉走廊的所到之处，皆体现到这一切。

2. 扩初

方案进一步优化，多听意见，但设计师一定要是景观思想的综合者，在主题思想确立后，是不会也不能大变的，是说服其他人的工作（包括土地运营商、开发商）。

3. 施工图

是扩初的深化，是施工前的关键程序，任何闪失都可能成为败笔，尺度、节点、细节的精致性，都为下一次的景观具体实施提供了保证。

4. 施工现场服务

设计图交底，现场服务指导，是必须做的，因为景观施工的效果是设计师把握的。景观总设计师会随施工进度需要派出设计代表在现场把握，进行跟踪服务，对现场的突发情况进行现场快速变更，有利于工程顺利进行。

（三）设计与施工的关系

1. 密切配合

一个优秀的经典作品必须是设计和施工的完美结合，必须有一个领悟能力、配合能力极强的景观项目经理，配备强有力的施工班底，带领施工队完成景观施工，否则景观设计效果很难达到一个完美的程度，同时需要设计人员下工地，设计师到现场全程化跟踪项目，真正使效果图、蓝图变成现实。

2. 注意事项

无论是施工人员，还是设计人员，现场出现的变化应随时沟通，进行设计变更，防患于未然，并为养护打下基础。

四、城市景观规划与景观设计方法

城市，作为一种物质的表现，是一种可以看到的物质形态。城市规划是一定时期内城市发展的目标和计划，是城市建设综合部署。其目的是通过城市与周围影响地区的整体研究，为居民提供良好的工作、居住、游憩和交通环境。

（一）城市规划与城市景观

城市景观，是对土地功能的利用，是在对土地的性质研究后对之做出的综合利用，如哪些可用于建怎样的建筑，哪些最好用作公共绿地，哪些应保持其现状。

城市的美，不仅仅意味着应有一些美丽的公园、优秀的公共建筑，而且城市的整个环境乃至细部都应是美的。这些内容构成了城市风景的所有东西，都是城市景观设计的题材。景观设计除了必须满足其适当的功能外，还应符合客观的美学原则，即形式美原则。

规划师、建筑师、道路工程师在自己的工作中都必须表现精巧的美，但又必须组成一个具有同一性的画面，即它们联合在一起形成新的城市景观。

城市的景观应反映城市的性质与规模。城市规划工作在确定城市规模与性质后，其景观设计就应反映城市的性质。

城市景观，还应反映城市各物质要素之间功能分区与布局。随着国家工业化的发展，各地不断出现了工业城市、工业区，一些现代化的厂房、高炉、水塔、码头等建筑物、构筑物和设施，就成为这类城市的景观。

原有的城市景观对城市发展的作用不可忽视。自然的水域和丘陵，原有的建筑物的类型，都是景观设计的创作之源。

（二）城市景观形成要素

人们对一个特殊的景观或整个城市的印象，不仅仅来源于视觉，对城市的印象，还来源于自身的回忆、经验、周围的人群等，每个人在自己的环境中建立起关于城市局部的印象，形成一系列在精神上或心理上的相互联系的形象，但一个城市的基本形象则是他同时代人所共同的感受。

每一个建筑物都会影响城市景观的细部，并可能影响到城市形象的整体。人们共同的心理上的城市图像是人们所看到的许多东西的综合。

构成城市景观的基本要素有路、区、边缘、标志、中心点 5 种。

路：一个城市有主要道路网和较小的区级路网。一个建筑有几条出入的路。城市公路网是城市间的通道。路的图像主要是连续性和方向性，因此应构成简单的系统，起点和终点要明确。路旁的建筑和空间特性是方向性的基础，有助于对距离的判断。

区：它是较大范围的城市地区，一个区应具有共同的特征和功能，并与其他区有明显的区别。城市由不同的区构成，如居住区、商业区、高等学校教学区、郊区等。但有时它们的性质是混合的，没有明显的界限。

边缘：区与区之间的界限是边缘。有的区可能完全没有边缘，而是逐渐混入另一区。边缘应能从远处望见，也易于接近，提高其形象作用。如一条绿化地带、河岸、山峰、高层建筑等都能形成边缘。

标志：是城市中令人产生印象的突出景观。有些标志很大，能在很远的地方看到，如电视塔、摩天楼；有些标志很小，只能在近处看到，如街钟、喷泉、雕塑。标志是形成城市图像的重要因素，有助于使一个区获得统一。一个好的标志既是突出的，也是协调环境的因素。

中心点：中心点也可看作是标志的另一种类型。标志是明显的视觉目标，而中心点是人们活动的中心。空间四周的墙、铺地、植物、地形、照明灯具等小建筑物的布置和连贯性，决定了人们对中心点图像的形成能力。

道路、区、边缘、标志和中心点是城市图像的骨架，它们结合在一起构成了城市的景观，在城市规划时，应创造出新的、鲜明的景观，以激起人们对整个城市的想象。

（三）城市远景和轮廓线的作用

每个城市都可能有引人注目的远景景观。进入和离开城市的景观是城市的珍品，是城市景观设计的重点，需要保护一些有价值的城市景观，或采取某种手法，去平衡这些景观。

城市的轮廓线是城市生命的体现，如上海的外滩建筑群轮廓线，同时也是城市潜在的艺术形象，城市轮廓线是城市的远景，是唯一的。对每一幢可能改变城市轮廓线的建筑都应研究它与城市的整体关系，特别是远离市中心的一幢较小的塔式建筑，常能使城市轮廓线得到改进。

远景和轮廓线的另一景象是夜里的灯光，富有戏剧性的灯光以及黎明和黄昏的朦胧的阳光提高了城市的艺术感染力。

（四）城市各类中心的景观设计

在城市里，由于一定地域内会聚集成特定的功能分区，因此就存在着各类功能不同的中心，一般可分为：城市中心、市民广场。城市的景观设计与这两类中心景观设计密不可分。

1．城市中心的景观设计

城市中心是城市的主要行政管理、商业、文化和娱乐中心的区域，是表现城市有价值特性最有利的位置，在这里，人们对这个城市个性的认识得到强化。城市中心的功能是根据城市规划决定的。因为中心规划是城市规划的一部分。

城市中心的景观能否产生良好的视觉印象，应从以下几个方面考虑：市中心有什么远景可以眺望？怎样使人去观看重要的建筑物？这些建筑物与重要的特征的地点之间有什么视觉联系？哪些建筑物在城市景观中应有重要作用？能赋予统一性和多样性的因素是什么？对这样一些问题在城市中心景观设计中，都应做出回答。

2．市民广场的景观设计

市民广场具有多样性，它是指由各种用途的道路、停车场、沿街建筑的前沿地带。由建筑组成的空间形式有 3 种：①市民集合的主要广场，它一般与市政厅或其他市民建筑相结合；②娱乐建筑的空间，如影剧院、宾馆前面的供人流集散的广场；③购物的空间，如商业街、商业区和市场以及办公建筑所围成的空间。

市民广场上的公共建筑物对广场景观起着决定性作用。作为街景的公共建筑，其立面处理的重点，应放在完整的街道立面上，而不要强调个别建筑物的立面；作为纪念碑式公共建筑，在造型、位置和高度上应是一个视线焦点，是可以被人们欣赏的主要景观。

使用轴线可以使多个空间相互发生关系，是景观设计的一般方法，如北京天安门广场的理想的视点，于是建筑物变成了一个有镜框的焦点。在一个对景上集中的街道愈多，获得的狭长景观也就愈多。

市民广场应有一定的比例和尺度，当广场的地面过大，使建筑物看上去像是站在空间的边缘，墙和地面分离开来，使空间的封闭感消失，广场的景观也随着发生质的变化。

第二节　城市景观设计与生态融合

一、城市公园的景观生态设计原则

（一）异质性原则

景观异质性导致景观复杂性与多样性，从而使景观生机勃勃，充满活力，趋于稳定。因此在对文华公园这种以人工生态主体的景观斑块单元性质的城市公园设计的过程中，以多元化、多样性，追求景观整体生产力的有机景观设计法，追求植物物种多样性，并根据环境条件之不同处理为带状（廊道）或块状（斑块），与周围绿地整合起来。

（二）多样性原则

城市生物多样性包括景观多样性，是城市人们生存与发展的需要，是维持城市生态系统平衡的基础。文华公园的设计以其园林景观类型的多样化，以及物种的多样性等来维持和丰富城市生物多样性。因此，物种配置以本土和天然为主，让地带性植被——南亚热带常绿阔叶林等建群种，如假萍婆、秋枫、樟树、白木香等做公园绿化材料的主角，让野生植物、野草、野灌木形成自然绿化，这种地带性植物多样性和异质性的设计，将带来动物景观的多样性，能诱惑更多的昆虫、鸟类和小动物来栖息。例如，在人工改造的较为清洁河流及湖泊附近，蜻蜓种类十分丰富，有时具有很高的密度。而高草群落（如芦苇等）、花灌木、地被植被附近，将会吸引各种蝴蝶，这对于公园内少儿的自然认知教育非常有利。同时，公园内，景观斑块类型的多样性增加，生物多样性也增加，为此，应首先增加和设计各式各样的园林景观斑块，如观赏型植物群、保健型植物群落、生产型植物群落、疏林草地、水生或湿地植物群落。

（三）景观连通性原则

景观生态学名用于城市景观规划，特别强调维持与恢复景观生态过程与格局的连续性和完整性，即维护城市中残遗绿色斑块、湿地自然斑块之间的空间联系，这些空间联系的主要结构是廊道，如水系廊道等。

除了作为文化与休闲娱乐走廊外，还要充分利用水系作为景观生态廊道，将园内各个绿色斑块联系起来。滨水地带是物种最丰富的地带，也是多种动物的迁移通道。要通过设定一定的保护范围（如湖岸50米的缓冲带）来连接整个园内的水际生态与湖水景观的保护区。

在园内，将各支水系贯通，使以水流为主体的自然生态流畅、连续，在景观上形成以水系为主体的绿色廊道网络。在设计的同时，充分考虑了上述理想的连续景观格局的形成。一方面，开敞水体空间，慎明渠改暗渠，使市民充分体验到“水”这一自然的过程，达到亲水的目的。另一方面，节制使用钢筋水泥、混凝土，还湖的自然本色，以维护城市中难得的自然生境，使之成为自然水生、湿生以及旱性生物的栖息地，使垂直的和水平的生态过程得以延续。同时，亦可减少工程造价。

（四）生态位原则

所谓生态位，即物种在系统中的功能作用以及时间与空间中的地位。方华公园设计充分考虑系统构成名植物物种的生态位特征，合理配置选择植物群落。在有限的土地上，根据物种位原理实行乔、灌、藤、草、地被植被及水面相互配置，并且选择各种生活型（针阔叶、常绿落叶、旱生湿生水生等）以及不同高度和颜色、季相变化的植物，充分利用空间资源，建立多层次、多结构、多功能科学的植物群落，构成一个稳定的长期共存的复层混交立体植物群落。景观整体优化原则从景观生态的角度上看，方华公园即是一个特定的景观生态系统，包含有多种单一生态系统与各种景观要素。为此，应对其进行优化。首先，加强绿色基质。由于文华公园独特的自然环境、生态条件以及市民对生态、自然景观空间的重视与追求，使得公园内绿地面积超过总用地面积85%（含湖面水体）。公园绿地作为景观基质（面积占73%），设计将所有园路种上树冠宽大的行道树或草皮，形成具有较高密度的绿色廊道网络体系。其次，强调景观的自然过程与特征，设计将公园融入整个城市生态系统，强调公园绿地景观的自然特性，优先考虑湖面、河涌的无完整性与可修复性，控制人工建设对水体与植被的破坏，力求达到自然与城市人文的平衡。

（五）缓冲带与生态交错区原则

作为公园内湖泊、河涌的缓冲区、湖滨湿地景观设计将注意以下几个方面：

第一，按水流方向，在紧临湿地的上游提供缓冲区，以保障在湿地边缘生存的物种的栖息场所与食物来源，保持景观中物种的连续性；

第二，在温地中建立走道来规范人类活动，防止对湿地生态系统的随意破坏；

第三，为保持亲水性与维持生态系统完整性间的矛盾，或者湖滨水位变化与植物配置方法间的矛盾，采取挺水植物、浮水植物与沉水植物搭配的方式，设计临水栈桥来解决，其中栈桥随水位呈错落叠置变化；

第四，为避免湿地或湿地植被产生的臭味的影响，将通过植物类型的搭配，使植物与植枝落叶层形成一个自然生物滤器来控制臭味，并阻止杂草生长，进而控制昆虫的过量繁殖，避免在感观上造成负面影响。而湿地中树木的碎屑为其中的各种鱼类繁殖提供了必需的多样化的生境。

二、城市湿地景观的生态设计

由于人们对湿地重要性认识的提高，许多国家也积极投入到对各类广义湿地的保护和恢复的行动中，包括在规划人类居住区时更多地考虑体现其自然环境的意义。

（一）对城市湿地景观进行生态设计的因素

湿地环境是与人们联系最紧密的生态系统之一，对城市湿地景观进行生态设计，加强对湿地环境的保护和建设，具有重要意义。首先，能充分利用湿地渗透和蓄水的作用，降解污染，疏导雨水的排放，调节区域性水平衡和小气候，提高城市的环境质量。其次，这将为城市居民提供良好的生活环境和接近自然的休憩空间，促进人与自然和谐相处，促进人们了解湿地的生态重要性，在环保和美学教育上都有重要的社会效益。一定规模的湿地环境还能成为常住或迁徙途中鸟类的栖息地，促进生物多样性的保护。此外，利用生态系统的自我调节功能，可减少杀虫剂和除草剂等的使用，降低城市绿地的日常维护成本。

（二）对城市湿地景观进行生态设计的方式

1. 保持湿地的（系统）完整性

湿地系统与其他生态系统一样，由生物群落和无机环境组成。特定空间中生物群落与其环境相互作用的统一体组成生态系统。在对湿地景观的整体设计中，应综合考虑各个因素，以整体的和谐为宗旨，包括设计的形式、内部结构之间的和谐，以及它们与环境功能之间的和谐，才能实现生态设计的目的。

调查研究原有环境是进行湿地景观设计前必不可少的环节。因为景观的规划设计，必须建立在对人与自然之间相互作用的最大限度的理解之上。对原有环境的调查包括对自然环境的调查和对周围居民情况的调查，如对原有湿地环境的土壤、水、动植物等的情况，以及周围居民对该景观的影响和期望等情况的调查。这些都是做好一个湿地景观设计的前提条件，因为只有掌握原有湿地的情况，才能在设计中保持原有自然系统的完整，充分利用原有的自然生态，而掌握了居民的情况，则可以在设计中考虑人们的需求。这样能在满足人需求的同时，保持自然生态不受破坏，使人与自然融洽共存。这才是真正意义上保持了湿地网络系统的完整性。

利用原有的景观因素进行设计，是保持湿地系统完整性的一个重要手段。利用原有的景观因素，就是要利用原有的水体、植物、地形地势等构成景观的因素。这些因素是构成湿地生态系统的组成部分，但在不少设计中，并没有利用这些原有的要素，而是另起一格，按所谓的构思肆意改变，从而破坏了生态环境的完整及平衡，使原有的系统丧失整体性及自我调节的能力，沦为单纯的美学意义上的存在。

2. 植物的配置设计

植物，是生态系统的基本成分之一，也是景观视觉的重要因素之一，因此植物的配置设计是湿地系统景观设计的重要一环。对湿地景观进行生态设计，在植物的配置方面，一是应重视植物各类的多样性；二是尽量采用本地植物。

多种类植物的搭配，不仅在视觉效果上相互衬托，形成丰富而又错落有致的效果，对水体污染处的处理功能也能够互相补充，有利于实现生态系统的完全或半完全（配以必要的人工管理）的自我循环。具体地说，植物的配置设计，从层次上考虑，有灌木与草本植物之分，挺水（如芦苇）、浮水（如睡莲）和沉水植物（如金鱼草）之别，将这些各种层次上的植物进行搭配设计。从功能上考虑，可采用发达茎叶类植物以有利于阻挡水流，沉降泥沙，发达根系类植物以利于吸收等的搭配。这样，既能保持湿地系统的生态完整性，带来良好的生态效果，而在进行精心的配置后，或摇曳生姿，或婀娜多姿的多层次水生植物还能给整个湿地的景观创造一种自然的美。

采用本地的植物，是指在设计中除了特定情况，应利用或恢复原有自然湿地生态系统的植物种类，尽量避免外来种。其他地域的植物，可能难以适应异地环境，不易成活；在某些情况下又可能过度繁殖，占据其他植物的生存空间，以致造成本地植物在生态系统内的物种竞争中失败甚至灭绝，严重者成为生态灾难。在生态学史上，不乏这样的例子（生物入侵）。维持本地种植物，就是维持当地自然生态环境的成分，保持地域性的生态平衡。另外，构造原有植被系统，也是景观生态设计的体现。

3. 水体岸线及岸边环境的设计

岸边环境是湿地系统与其他环境的过渡，岸边环境的设计，是湿地景观设计需要精心考虑的一个方面。在有些水体景观设计中，岸线采用混凝土砌筑的方法，以避免池水漫溢。但是，这种设计破坏了天然湿地对自然环境所起的过滤、渗透等的作用，还破坏了自然景观。有些设计在岸边一律铺以大片草坪，这样的做法，仅从单纯的绿化目的出发，而没有考虑到生态环境的功用。人工草坪的自我调节能力很弱，需要大量的管理，如人工浇灌、清除杂草、喷洒药剂等，残余化学物质被雨水冲刷，又流入水体。因此，草坪不仅不是一个人工湿地系统的有机组成，相反加剧了湿地的生态负荷。对湿地的岸边环境进行生态的设计，可采用的科学做法是水体岸线以自然升起的湿地基质的土壤沙砾代替人工砌筑，还可建立一个水与湿地的自然调节功能，又能为鸟类、两栖爬行类动物提供生活的环境，还能充分利用湿地的渗透及过滤作用，从而带来良好的生态效应。并且从视觉效果上来说，这种过渡区域能带来一种丰富、自然、和谐又富有生机的景观。

三、城市生态基础设施景观战略

（一）城市生态基础设施

城市的可持续发展依赖于具有前瞻性的市政基础设施建设，包括道路系统、给排水系统等，如果这些基础不完善或前瞻性不够，在随后的城市开发过程中必然要付出沉重的代价。关于这一点，许多城市决策者似乎已有了充分的认识，国家近年来在投资上的推动也促进了城市基础设施建设。如同城市的市政基础设施一样，城市的生态基础设施需要有前瞻性，更需要突破城市规划的既定边界。唯其如此，则需要从战略高度规划城市发展所赖以持续的生态基础设施。

（二）城市生态基础设施建设的景观战略

第一大战略：维护和强化整体山水格局的连续性。

任何一个城市，或依山或傍水或兼得山水为其整体环境的依托。城市是区域山水基质上的一个斑块。城市之于区域自然山水格局，犹如果实之于生态之树。因此，城市扩展过程中，维护区域山水格局和大地机体的连续性和完整性，是维护城市生态安全的一大关键。

翻开每一个中国古代城市史志的开篇——形胜篇，都在字里行间透出对区域山水格局连续性的关注和认知。中国古代的城市地理学家们甚至把整个华夏大地的山水格局，都作为有机的连续体来认知和保护，每个州府衙门所在地，都城的所在地都从认知图式上和实际的规划上被当作发脉于昆仑山的枝干山系和水系上的一个穴场。从20世纪30年代末开始，特别是20世纪80年代中期开始，借助于遥感和地理信息系统技术，结合一个多世纪以来的生态学观察和资料积累，面对高速公路及城市盲目扩张造成自然景观基质的破碎化，山脉被无情地切割，河流被任意截断，景观生态学提出了严重警告，照此下去，大量物种将不再持续生存下去，自然环境将不再可持续，人类自然也将不再可持续。因此，维护大地景观格局的连续性，维护自然过程的连续性成为区域及景观规划的首要任务之一。

第二大战略：保护和建议多样化的乡土生境系统。

在大规模的城市建设、道路修筑及水利工程以及农田开垦过程中，我们毁掉了太多太多独特而弥足珍贵、被视为荒滩荒地的乡土植物生境和生物的栖息地，直到最近，我们才把目光投向那些普遍受到关注或即将灭绝，而被认定为一类或二类保护物种的生境的保护，如山里的大熊猫、海边的红树林。然而，与此同时我们却忘记了大地景观是一个生命的系统，一个由多种生境构成的嵌合体，而其生命力就在于其丰富多样性，哪怕是一种无名小草，其对人类未来以及对地球生态系统的意义可能不亚于熊猫和红树林。

历史上形成的风景名胜区和划定为国家及省市级的具有良好森林生态条件的自然保护区固然需要保护，那是生物多样性保护及国土生态安全的最后防线，但这些只占国土面积百分之几或十几的面积不足以维护一个可持续的、健康的国土生态系统。而城市中即使是30%甚至50%的城市绿地率，由于过于单一的植物种类和过于人工化的绿化方式，尤其因为人们长期以来对引种奇花异木的偏好以及对乡土物种的敌视和审美偏见，其绿地系统的综合生态服务功能并不是很强。与之相反，在未被城市建设吞没之前的土地上，存在着一系列年代久远、多样的生物与环境已形成良好关系的乡土栖息地。

其中包括：

（1）即将被城市吞没的古老村落中的一方龙山或一丛风水树，几百年甚至上千年来都得到良好的保护，对本地人来说，它们是神圣的，但对大城市的开发者和建设者来说，它们却往往不足珍惜。

（2）坟地，在均质的农田景观之上，它们往往是黄鼠狼等多种兽类和鸟类的最后的栖息地。可叹的是，在全国性的迁坟运动中，这些先辈们的最后安息之地中，幸存者已为数不多。

（3）被遗弃的村落残址，随着城市化进程的加速，农业人口涌入城市，城郊的空壳村将会越来越多，这些地方由于长期免受农业开垦，加之断墙残壁古村及水塘构成的避护环境，形成了丰富多样的生境条件，为种种动植物提供了理想的栖息地。它们很容易成为“三通一平”的牺牲品，被住宅新区所替代，或有幸成为城市绿地系统的一部分，往往也是先被铲平后再行绿化设计。

（4）曾经是不宜农耕或建房的荒滩、乱石山或低洼湿地，这些地方往往具有非常重要的生态和休闲价值。在推土机未能开入之前，这些免于农业刀锄和农药的自然地带是均相农业景观中难得的异质地带，而保留这种景观的异质性，对维护城市及国土的生态健康和安全具有重要意义。

第三大战略：维护和恢复河道和海岸的自然形态。

河流水系是大地生命的血脉，是大地景观生态的主要基础设施，污染、干旱断流和洪水是目前中国城市河流水系所面临的三大严重问题，而尤以污染最难解决。于是治理城市的河流水系往往被当作城市建设的重点工程、民心工程和政绩工程来对待。然而，人们往往把治理的对象瞄准河道本身，殊不知造成上述三大问题的原因实际上与河道本身无干。于是乎，耗巨资进行河道整治，而结果却使欲解决的问题更加严重，犹如吃错了药的人体，大地生命遭受严重损害。

第四大战略：保护和恢复湿地系统。

湿地是地球表层上由水、土和水生或湿生植物（可伴生其他水生生物）相互作用构成的生态系统。湿地不仅是人类最重要的生存环境，也是众多野生动物、植物的重要生存环境之一，生物多样性极为丰富，被誉为“自然之肾”，对城市及民居具有多种生态服务功能和社会经济价值。

这些生态服务包括以下六个方面。

（1）提供丰富多样的栖息地：湿地由于其生态环境独特，决定了生物多样性丰富的特点，中国幅员辽阔，自然条件复杂，湿地物种多样性极为丰富。

（2）调节局部小气候：湿地碳的循环对全球气候变化起着重要作用。湿地还是全球氮、硫、甲烷等物质循环的重要控制因子。它还可以调节局部地域的小气候。湿地是多水的自然体，由于湿地土壤积水或经常处于过湿状态，水的热容量大，地表增温困难；而湿地蒸发是水面蒸发的2~3倍，蒸发量越大消耗热量就越多，导致湿地地区气温降低，气候较周边地区冷湿。湿地的蒸腾作用可保持当地的湿度和降雨量。

（3）减缓旱涝灾害：湿地对防止洪涝灾害有很大的作用。近年来由于不合理的土地开发和人类活动的干扰，造成了湿地的严重退化，从而造成了严重的洪涝灾害就是生动的反面例子。

（4）净化环境：湿地植被减缓地表水流的速度，流速减慢和植物枝叶的阻挡，使水中泥沙得以沉降，同时经过植物和土壤的生物代谢过程和物理化学作用，水中各种有机的和无机的溶解物和悬浮物被截流下来，许多有毒有害的复合物被分散转化为无害甚至有用的物质，这就使得水体澄清，达到净化环境的目的。

（5）满足感知需求并成为精神文化的源泉：湿地丰富的水体空间和挺水植物，以及鸟类和鱼类，都充满大自然的灵韵，使人心静神宁。这体现了人类在长期演化过程中形成的与生俱来的欣赏自然、享受自然的本能和对自然的情感依赖。这种情感通过诗歌、绘画等文学艺术来表达，而成为具有地方特色的精神文化。

（6）教育场所：湿地丰富的景观要素、物种多样性，为环境教育和公众教育提供机会和场所。当然，除以上几个方面外，湿地还有生产功能。湿地蓄积来自水陆两相的营养物质，具有较高的肥力，是生产力最高的生态系统之一，为人类提供食品、工农业原料、燃料等。这些自然生产的产品直接或间接进入城市居民的经济生活，是人们所熟知的自然生态系统的功能。

在城市化过程中因建筑用地的日益扩张，不同类型的湿地的面积逐渐变小，而且在一些地区已经趋于消失。同时随着城市化过程中因不合理的规划城市湿地斑块之间的连续性下降，湿地水分蒸发蒸腾能力和地下水补充能力受到影响；随着城市垃圾和沉淀物的增加，产生富营养化作用，对其周围环境造成污染。所以在城市化过程中要保护、恢复城市湿地，避免其生态服务功能退化而产生环境污染，这对改善城市环境质量及城市可持续发展具有非常重要的战略意义。

第五大战略：将城郊防护林体系与城市绿地系统相结合。

早在20世纪50年代，与大地园林化和人民公社化的进程同步，中国大地就开展了大规模的防护林实践，带状的农田防护林网成为中国大地景观的一大特色，特别是华北平原上，防护林网已成为千里平原上的唯一垂直景观元素，而令国际专家和造访者叹为观止。这些带状绿色林网与道路、水渠、河流相结合，具有很好的水土保持、防风固沙、调节农业气候等生态功能，同时，为当地居民提供薪炭和用材。事实上，只要在城市规划和设计过程中稍加注意，原有防护林网的保留纳入城市绿地系统之中是完全可能的，这些具体的规划途径包括以下三点。

（1）沿河林道的保护：随着城市用地的扩展和防洪标准的提高，加之水利部门的强硬，夹河林道往往有灭顶之灾。实际上防洪和扩大过水断面可能通过其他方式来实现，如另辟导洪渠，建立蓄洪湿地。而最为理想的做法是留出足够宽的用地，保护原有河谷绿地走廊，将防护堤向两侧退后设立。在正常年份河谷走廊成为市民休闲及生物保护的绿地，而在百年或数百年一遇洪水时，作为淹没区。

（2）沿路林带的保护：为解决交通问题，如果沿用原道路的中心线向两侧拓宽道路，则原有沿路林带必遭砍伐，相反，如果以其中一侧林带为路中隔离带，一侧可以保全林带，使之成为城市绿地系统的有机组成部分。更为理想的设计是将原有较窄的城郊道路改为社区间的步行道，而在两林带之间的地带另辟城市道路。

（3）改造原有防护林带的结构：通过逐步丰富原有林带的单一树种结构，使防护林带单一的功能向综合的多功能城市绿地转化。

四、精心随意与刻意追求的城市景观塑造

无论国内国外，美的城市景观大多经历了相当长时间的经营建设，它是那个城市历史、物质与文化积淀而成的。这里讲长时间是少则数十年，多则数百年、上千年。物质与文化的积淀说明了形成城市美景过程之艰辛，它浸透了多少代人的心血与苦心经营，汇集了多少人的天才和智慧，经历了多少年来的过滤，完全是千锤百炼锻造出来的结果，但是，现在常常被人忽视或忘记的恰恰是这两点：城市景观形成的时间之长与过程之难。不然的话，怎么会在国内一些景观规划设计招标任务书上经常见到：要大手笔、高标准、一步到位、一百年不落后等词语呢？

走向建筑、地景、城市规划的融合是吴良镛先生对20世纪建筑学发展历程概括性的总结，是21世纪城市健康发展的必由之路。目前，特别在城市重大的建筑项目中，将这

三者有机地融合一体进行策划、设计、建设。并非割裂的、从属的，更非各自为政。例如面对一条城市的干道，规划上要研究它沿街建筑的布置，街道空间形态、尺度、商业和人的活动需求，绿化的形式等许多相关因素，颇为复杂。不能仅满足了机动交通的功能就开始实施。

否则，这种没有生命力、残缺不全的病态街道一旦形成连绵数里，长时间处在城市中心就形成丑陋的景观，造成对城市景观的破坏。城市已经规划好的绿地现在有条件实施，却又在绿地中布置大片的硬质铺地、喷泉雕塑等人工设施，造成绿地的绿化量不足，好端端的城市绿色的项链穿不起来，是不是很奇怪？城市沿街的建筑就是要遵守一定规划：要控制建筑高度、长度，要精心选择材料，设计好建筑的色彩、细部等。现在有些建筑师过于迷恋自己设计的单体，破坏了城市的整体性，伤害了城市的景观，这种案例比比皆是，以致现在难得在城市中看到一幢很顺眼、谦虚而优雅的建筑。

建筑、地景、城市规划三位一体在城市建设的不同阶段不断地变换角色，有时建筑出来唱主角，有时规划要继承延续前人的成果，有时景观设计要默默无闻地衬托别人。过程往往是漫长的，要协调统一，贯彻始终，才能形成整体感很强、美的城市景观。只有这样才能得到我们所刻意追求的东西。这种态度和思想境界是对三位一体唯一正确的深刻理解，动机和效果要统一起来，才是城市景观建设的真正意义。对照一下目前我们的社会现实，就会清楚地看到我们一些决策者、设计者的心态和行为举止又是多么的幼稚、肤浅，他们一味想要美其实并不美，什么阴阳八卦、超级的广场、招摇奢华的街灯、用不着那么高大雄伟的行政办公中心！这似乎是一种病态心理驱动的城市建设行为。

仔细地考证景观或是地景（Landscape）这个词，英文当动词讲是有美化的意思，美化城市景观运动却是件危险而可怕的事，城市就是一般性地美化也要很多很多的钱，何况美没有标准和限度。豪华奢侈的，气魄宏伟的，还是高科技的，一百年不落后的？这些也许能构成一定的美感。但我们现代都市应具备何种美感是要认真地研究一番的。一般地说，城市景观的美是次生的，首要的依然是它在城市的功能和内容，营造城市景观的目的是最大限度地关怀广大的城市市民，构筑健康、有良好品质的城市生活。实用、经济和美观，三者辩证地统一是党的始终一贯的建设方针，这对目前的城市景观建设依然适用。现在好像执行起来对前两点强调得不够，有片面地追求形式美、高标准的倾向。我们民族的传统历来讲究朴素自然，它是中国风景园林美的灵魂。连古代的皇帝都知道自己的住处要素雅、自然。广大的平民更喜欢那种舒适透出的随意、轻松愉快的生活环境。现在的城市建设滥用材料，用色彩斑斓的磨光花岗石做室外铺地，走起路来打滑，用不锈钢做座椅冰凉又不舒服。若换成地砖铺地，木制的条凳就舒服实用多了，既朴素又美观。现在许多城市景观设计中透出病态的假、大、空，都是滥用的结果，滥用石材，滥用不锈钢，滥用喷泉水景、花饰灯，滥用草皮、花卉，等等。一种不讲分寸、缺乏文化修养，像是暴发户的表现欲所炮制的作品实在是俗不可耐，没有半点真正的美感。从侧面也透视出一些决策、设计者浮躁、表面的心态。

现代的国际大都市的城市生活讲求高效、多样、安全和舒适，表现出开放、热爱自然、尊重人的时代精神，毫无疑问，这些都是我们的城市建设的目标和城市应具备的良好品质。过去多数城市的基础设施差、起点低、欠账多、面貌落后。现在，经济的大发展推动了城市建设的高潮，要做的和想要做的事情太多太多，这几年城市面貌有着迅猛的变化是有目共睹的事实，但还是远远不能满足社会发展与百姓的需要。市民需要良好、舒适的户外活动空间，需要人行道通畅无阻，需要大众的公园都免费开放，需要树荫和座椅，需要有些可供儿童和老人活动的场地，人们需要看看那些自然生长的树木草地，听听虫鸣鸟叫。仔细想想这些需求都很基本又正常。其实，人们不太关心那些美丽的城市大广场，那些不让人走进去的观赏草坪，美丽的大花坛，那些不常出水的喷泉，难以轻松通过的宽马路，那些花枝招展的装饰街灯、铺天盖地的广告牌，百姓们的真正需要比这些吵闹的景观的标准要低得多。人们在多种多样、小型自然的户外活动空间更感到亲切、轻松、随意。比在那种充满装饰性花丛、修剪整齐的植物、花岗石铺地的人工环境要开心愉快得多。只是城市里这默默无闻、小型多样的户外活动空间仍太缺乏，若是被城市领导重视，就会出奇制胜。设计者以一种精心的随意的态度为百姓营造他们喜欢的空间场所，说不定这才是我们常常犯难的设计创新。刻意追求，设计这种精心的随意的城市景观特色要有较深厚的文化底蕴，要有对百姓的喜闻乐见的深知，对现代人本主义精神的深刻理解，需要时间和精力去研究、探索，创作过程快乐而又痛苦。

城市最大的户外活动空间莫过于公园、绿地。中华人民共和国成立初期，我们靠艰苦奋斗修建了一大批城市公园，对城市起了很好的作用。

可惜，这些公园目前的处境大都十分尴尬，进退两难，公园用地不断地受蚕食，环境不断地遭到破坏，设施陈旧落后，百姓过度使用，公园的经费远远不足，连正常的养育维护都难以维持。但是，让人不理解的是政府舍得投入巨大的财力，兴造新的景观园林，却舍不得抽出一些经费给这些老公园补养、更新换代，提高这些公园的环境质量，更新它们的面貌。让公园以园养园自谋生路，把公园为公众服务的设施租出去搞商业，不合情理。设想一下，如果我们能有计划地逐步将这些公园更新，逐步向社会开放，形成城市开放的公共绿地系统，让百姓享用，那该是一番什么样的城市景观和形象！事倍功半何乐而不为呢？这才真正符合可持续发展和适应国际潮流的城市景观建设，群众在开放的公园绿地中锻炼体魄、放松神经，开展健康的文化休闲活动，百姓们也会提高自己的文化素质，珍惜公园的一草一木，这正是大都市现代化城市生活的标志和城市应有的魅力。

21 世纪是景观管理的时代，城市公园建设大有可为。景观管理的意思是强调规划控制城市绿地系统的重要性，策划与管理远远重于设计。政府项目的策划与实施如能敏锐地反映出城市未来发展与市民的需求和意愿就一定会获得成功。

第六章　园林生态环境监测管理和质量保证

第一节　环境监测管理

为保证环境监测发展，理顺和规范监测工作以及保证监测质量，必须对环境监测实施管理。环境监测管理制度包括：体制、业务、技术、信息、人才、后勤管理。

一、环境监测管理制度内容

（一）监测体制管理制度

1983 年，原城乡建设环境保护部颁布的《全国环境监测管理条例》，较详细地规定了环境监测工作的性质、监测管理部门和监测机构的设置及其职责与职能，监测站的管理，三级横向监测网的构成及报告制度等。目前，我国的环境监测制度主要是依据该条例建立起来的。

现行全国管理方式主要包括属地化管理和垂直管理两种。属地化管理，又称分级管理，指单位由所在地同级人民政府统一管理，采用这类管理方式的政府职能部门或机构，通常实行地方政府和上级同类部门的“双重领导”。上级主管部门负责业务技术指导，地方政府负责管理“人、财、物”，且纳入同级纪检部门和人大监督。目前，绝大部分环境监测站都采用属地化管理方式。

《环境监测管理办法》规定：“环境监测工作是县级以上环境保护部门的法定职责。”还规定了环境监测的管理体制、职责、监测网的建设和运行等内容。也符合属地化管理方式。《全国环境监测站建设标准》和《全国环境监测站建设补充标准》，明确规定了省、市、县三级环境监测机构人员编制及结构、实验室用房和行政办公用房面积及要求、环境监测经费标准。

（二）监测技术管理制度

《环境监测技术路线》提出了空气监测、地表水监测、环境噪声监测、固定污染源监测、生态监测、固体废物监测、土壤监测、生物监测、辐射环境监测等 9 个方面监测技术路线。

监测方法的标准化是监测质量保证的重要基础工作。为使我国环境监测分析方法标准制定有一个统一的规范化的技术准则和依据。目前，已基本建立覆盖水和废水、环境空气和废气、土壤和水系沉积物等环境要素的监测规范体系。

二、环境监测管理的内容和原则

（一）环境监测管理的内容

环境监测管理是以环境监测质量、效率为主对环境监测系统整体进行全过程的科学管理，其核心内容是环境监测质量保证。作为一个完整的质量保证归宿（即质量保证的目的）是应保证监测数据具有如下五方面的质量特征。

（1）准确度：测量值与真值的一致程度。

（2）精密度：均一样品重复测定多次的符合程度。

（3）完整性：取得有效监测数据的总数满足预期计划要求的程度。

（4）代表性：监测样品在空间和时间分布上的代表程度。

（5）可比性：在监测方法、环境条件、数据表达方式等可比条件下所得数据的一致程度。

（二）环境监测管理原则

1. 实用原则

监测不是目的，而是手段，监测数据不是越多越好，而是实用；监测手段不是越先进越好，而是准确、可靠、实用。

2. 经济原则

确定监测技术路线和技术装备，要经过技术经济论证，进行费用-效益分析。

（三）环境监测的档案文件管理

为了保证环境监测的质量，以及技术的完整性和追溯性，应对监测全过程的一切文件

（包括任务来源、制订计划、布点、采样、分析及数据处理等）应按严格制度予以记录存档。同时对所累积的资料、数据进行整理建立数据库。环境监测是环境信息的捕获、传递、解析、综合的过程。环境信息是各种环境质量状况的情报和数据的总称。自然界的资源有3种，即再生资源（如动、植物资源）、非再生资源（如金属矿产、非金属矿产等）及信息资源。而信息资源的重要性正越来越被重视。因此档案文件的管理，资料、信息的整理、分析是监测管理的重要内容。

对于自动监测站，除了数据库外，档案内容应包括：

（1）仪器设备的生产厂家、购置和验收记录；

（2）流量标准的传递和追踪记录文件；

（3）气体标准的传递和追踪记录文件；

（4）监测仪器的多点线性校准表格；

（5）运行监测仪器零点和跨度漂移的例行检查报表；

（6）监测仪器的审核数据报告；

（7）运行监测仪器的例行检查记录；

（8）监测子站和仪器设施的预防性维护文件；

（9）仪器设备检修登记卡。

第二节 质量保证的意义和内容

环境监测对象成分复杂，含量低，时间、空间量级上分布广，且随机多变，不易准确测量。特别是在区域性、国际大规模的环境调查中，常需要在同一时间内，由许多实验室同时参加、同步测定。这就要求各个实验室从采样到结果所提供的数据有规定的准确度和可比性，以便得出正确的结论。如果没有一个科学的环境监测质量保证程序，由于人员的技术水平、仪器设备、地域等差异，难免出现调查资料互相矛盾、数据不能利用的现象，造成大量人力、物力和财力的浪费。

环境监测质量保证是环境监测中十分重要的技术工作和管理工作。质量保证和质量控制，是一种保证监测数据准确可靠的方法，也是科学管理实验室和监测系统的有效措施，它可以保证数据质量，使环境监测建立在可靠的基础之上。

环境监测质量保证是整个监测过程的全面质量管理，包括制订计划，根据需要和可能确定监测指标及数据的质量要求，规定相应的分析监测系统。其内容包括采样、样品预处理、储存、运输、实验室供应，仪器设备、器皿的选择和校准，试剂、溶剂和基准物质的选用，统一测量方法，质量控制程序，数据的记录和整理，各类人员的要求和技术培训，实验室的清洁度和安全，以及编写有关的文件、指南和手册等。

环境监测质量控制是环境监测质量保证的一部分，它包括实验室内部质量控制和外部质量控制两部分。实验室内部质量控制，是实验室自我控制质量的常规程序，它能反映分析质量稳定性如何，以便及时发现分析中的异常情况，随时采取相应的校正措施。其内容包括空白试验、校准曲线核查、仪器设备的定期标定、平行样分析、加标样分析、密码样品分析和编制质量控制图等；外部质量控制通常是由常规监测以外的监测中心站或其他有经验人员来执行，以便对数据质量进行独立评价，各实验室可以从中发现所存在的系统误差等问题，以便及时校正、提高监测质量。常用的方法有分析标准样品以进行实验室之间的评价和分析测量系统的现场评价等。

第三节 监测实验室基础

实验室是获得监测结果的关键部门，要使监测质量达到规定水平，必须有合格的实验室和合格的分析操作人员。具体地讲，包括仪器的正确使用和定期校正、玻璃仪器的选用和校正、化学试剂和溶剂的选用、溶液的配制和标定、试剂的提纯、实验室的清洁度和安全工作、分析人员的操作技术等。

仪器和玻璃量器是为分析结果提供原始测量数据的设备，它的选择视监测项目的要求和实验室条件而定。仪器和量器的正确使用、定期维护和校正是保证监测质量、延长使用寿命的重要工作，也是反映操作人员技术素质的重要方面。

一、实验用水

水是最常用的溶剂，配制试剂、标准物质，洗涤均须大量使用。水对分析质量有着广泛和根本的影响，对于不同用途需要不同质量的水。市售蒸馏水或去离子水必须经检验合格才能使用。实验室中应配备相应的提纯装置。

（一）蒸馏水

蒸馏水的质量因蒸馏器的材料与结构而异，水中常含有可溶性气体和挥发性物质。下面分别介绍几种不同蒸馏器及其所得蒸馏水的质量。

1. 金属蒸馏器

金属蒸璃器内壁为纯铜、黄铜、青铜，也有镀纯锡的。用这种蒸馏器所获得的蒸循水含有微量金属杂质，如含 Cu^{2+} 约（10～200）$\times10^{-6}$，电阻率小于0.1MΩ·cm（25℃），只适用于清洗容器和配制一般试液。

2. 玻璃蒸馏器

玻璃蒸馏器由含低碱高硅硼酸盐的“硬质玻璃”制成，二氧化硅质量分数约为80%。经蒸馏所得的水中含痕量金属，如含 5×10^{-9} 的 Cu^{2+}，还可能有微量玻璃溶出物，如硼、砷等。其电阻率约0.5MΩ·cm。适用配制一般定量分析试液，不宜用于配制分析重金属或痕量非金属的试液。

3. 石英蒸馏器

石英蒸馏器的二氧化硅质量分数为99.9%以上。所得蒸馏水仅含痕量金属杂质，不含玻璃溶出物。电阻率为2～3MΩ·cm。特别适用于配制对痕量非金属进行分析的试液。

（4）亚沸蒸馏器

它是由石英制成的自动补液蒸馏装置。其热源功率很小，使水在沸点以下缓慢蒸发，故而不存在雾滴污染问题。所得蒸馏水几乎不含金属杂质（超痕量）。适用于配制除可溶性气体和挥发性物质以外的各种物质的痕量分析用试液。亚沸蒸馏器常作为最终的纯水器与其他纯水装置（如离子交换纯水器等）联用，所得纯水的电阻率高达16MΩ·cm以上。但应注意保存，一旦接触空气，在不到5min内可迅速降至2MΩ·cm。

（二）去离子水

去离子水是用阳离子交换树脂和阴离子交换树脂以一定形式组合进行水处理而得到的。去离子水含金属杂质极少，适于配制痕量金属分析用的试液，因它含有微量树脂浸出物和树脂崩解微粒，所以不适于配制有机分析试液。通常用自来水作为原水时，由于自来水含有一定余氯，能氧化破坏树脂使之很难再生，因此进入交换器前必须充分曝气。自然曝气夏季约需1d，冬季需3d以上，如急用可煮沸、搅拌、曝气并冷却后使用。湖水、河水和塘水作为原水应仿照自来水先做沉淀、过滤等净化处理。含有大量矿物质、硬度很高的井水应先经蒸馏或电渗析等步骤去除大量无机盐，以延长树脂使用周期。

（三）特殊要求的纯水

在分析某些指标时，对分析过程中所用的纯水中这些指标的含量应愈低愈好，这就需要满足某些特殊要求的纯水，例如，无氯水、无氨水、无二氧化碳水、无铅（重金属）水、无砷水、无酚水，以及不含有机物的蒸馏水等，制取方法可查阅有关资料。

二、试剂与试液

实验室中所用试剂、试液应根据实际需要，合理选用相应的规格，按规定浓度和需要量正确配制。试剂和配好的试液须按规定要求妥善保存，注意空气、温度、光、杂质等影响。另外要注意保存时间，一般浓溶液稳定性较好，稀溶液稳定性较差。通常，较稳定的试剂，其10^{-3}mol/L溶液可储存一个月以上，10^{-4}mol/L溶液只能储存一周，而10^{-5}mol/L溶液须当天配制，故许多试液常配成浓的储备液，临用时稀释成所需浓度。配制溶液均须注明配制日期和配制人员，以备查核追溯。由于各种原因，有时须对试剂进行提纯和精制，以保证分析质量。

一级品试剂用于精密的分析工作，在环境分析中用于配制标准溶液；二级品试剂常用于配制定量分析中的普通试液，如无注明，环境监测所用试剂均应为二级或二级以上；三级试剂只能用于配制半定量、定性分析中的试液和清洁液等。

质量高于一级品的高纯试剂（超纯试剂）目前国际上也无统一的规格，常以“9”的数目表示产品的纯度。在规格栏中标以4个9、5个9、6个9等。4个9表示纯度为99.99%，杂质总含量不大于0.01%。5个9表示纯度为99.999%，杂质总含量不大于0.001%。6个9表示纯度为99.9999%，杂质总含量不大于0.0001%，依此类推。

其他表示方法有：高纯物质（EP）、基准试剂、pH基准缓冲物质、色谱纯试剂（GC）、实验试剂（LR）、指示剂（Ind），生化试剂（BR）、生物染色剂（BS）和特殊专用试剂等。

三、实验室的环境条件

实验室空气中如含有固体、液体的气溶胶和污染气体，对痕量分析和超痕量分析会产生较大误差。例如，在一般通风柜中蒸发200g溶剂，可得6mg残留物，若在清洁空气中蒸发可降至0.08mg。因此痕量和超痕量分析及某些高灵敏度的仪器，应在超净实验室中进行或使用。超净实验室中空气清洁度常采用100号。

要达到清洁度为100号标准；空气进口必须用高效过滤器过滤。高效过滤器效率为85%~95%。对直径为0.5~5.0μm颗粒物的过滤效率为85%，对直径大于5.0μm颗粒物的过滤效率为95%。超净实验室一般较小，约$12m^2$并有缓冲室，四壁涂环氧树脂油漆，桌面用聚四氟乙烯或聚乙烯膜，地板用整块塑料地板，门窗密闭，采用空调、室内略带正压，通风柜用层流。

没有超净实验室条件的可采用相应措施。例如，样品的预处理、蒸干、消化等操作最好在专门的毒气柜内进行，并与一般实验室、仪器室分开。几种分析同时进行时应注意防止相互交叉污染。

四、实验室的管理及岗位责任制

监测质量的保证是以一系列完善的管理制度为基础的。严格执行科学的管理制度是评定一个实验室的重要依据。

（一）对监测分析人员的要求

（1）监测分析人员应具有相当于中专以上的文化水平，经培训、考试合格，方能承担监测分析工作。

（2）熟练地掌握本岗位的监测分析技术，对承担的监测项目要做到理解原理、操作正确、严守规程、准确无误。

（3）接受新项目前，应在测试工作中达到规定的各种质量控制实验要求，才能进行项目的监测。

（4）认真做好分析测试前的各项技术准备工作，实验用水、试剂、标准溶液、器皿、仪器等均应符合要求，方能进行分析测试。

（5）负责填报监测分析结果，做到书写清晰、记录完整、校对严格、实事求是。

（6）及时地完成分析测试后的实验室清理工作，做到现场环境整洁，工作交接清楚，做好安全检查。

（7）树立高尚的科研和实验道德，热爱本职工作，钻研科学技术，培养科学作风，谦虚谨慎，遵守劳动纪律，搞好团结协作。

（二）对监测质量保证人员的要求

环境监测站内要有质量保证归口管辖部门或指定专人（专职或兼职）负责监测质量保证工作。监测质量保证人员应熟悉质量保证的内容、程序和方法，了解监测环节中的技术关键，具有有关的数理统计知识，协助监测站的技术负责人员进行以下各项工作：

（1）负责监督和检查环境监测质量保证各项内容的实施情况；

（2）按隶属关系定期组织实验室内及实验室间分析质量控制工作，向上级单位报告质量保证工作执行情况，并接受上级单位的有关工作部署、安排组织实施：

（3）组织有关的技术培训和技术交流，帮助解决所辖站有关质量保证方面的技术问题。

（三）实验室安全制度

（1）实验室内须设备各种必备的安全设施（通风橱、防尘罩、排气管道及消防器材等），并应定期检查，保证随时可供使用。使用电、气、水、火时，应按有关使用规则进行操作，保证安全。

（2）实验室内各种仪器、器皿应有规定的放置处所，不得任意堆放，以免错拿错用，造成事故。

（3）进入实验室应严格遵守实验室规章制度，尤其是使用易燃、易爆和剧毒试剂时，必须遵照有关规定进行操作。实验室内不得吸烟、会客、喧哗、吃零食或私用电器等。

（4）下班时要有专人负责检查实验室的门、窗、水、电、煤气等，切实关好，不得疏忽大意。

（5）实验室的消防器材应定期检查，妥善保管，不得随意挪用。一旦实验室发生意外事故时，应迅速切断电源、火源，立即采取有效措施，及时处理，并上报有关领导。

（四）药品使用管理制度

（1）实验室使用的化学试剂应有专人负责管理，分类存放，定期检查使用和管理情况。

（2）易燃、易爆物品应存放在阴凉通风的地方，并有相应安全保障措施。易燃、易爆试剂要随用随领，不得在实验室内大量保存。保存在实验室内的少量易燃品和危险品应严格控制、加强管理。

（3）剧毒试剂应有专人负责管理，加双锁存放，经批准后方可使用，使用时由两人共同称量，登记用量。

（4）取用化学试剂的器皿（如药匙、量杯等）必须分开，每种试剂用一件器皿，至少洗净后再用，不得混用。

（5）使用氰化物时，切实注意安全，不在酸性条件下使用，并严防溅洒沾污。氰化物废液必须经处理再倒入下水道，并用大量流水冲稀。其他剧毒试液也应注意经适当转化处

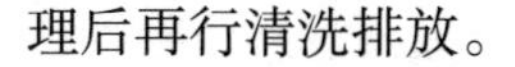

理后再行清洗排放。

（6）使用有机溶剂和挥发性强的试剂的操作应在通风良好的地方或在通风橱内进行。任何情况下，都不允许用明火直接加热有机溶剂。

（7）稀释浓酸试剂时，应按规定要求操作和储存。

（五）仪器使用管理制度

（1）各种精密贵重仪器以及贵重器皿（如铂器皿和玛瑙研钵等）要有专人管理，分别登记造册、建卡立档。仪器档案应包括仪器说明书、验收和调试记录、仪器的各种初始参数，定期保养维修、检定、校准以及使用情况的登记记录等。

（2）精密仪器的安装、调试、使用和保养维修均应严格遵照仪器说明书的要求。上机人员应该考核。考核合格方可上机操作。

（3）使用仪器前应先检查仪器是否正常。仪器发生故障时，应立即清查原因，排除故障后方可继续使用，严禁仪器带病运转。

（4）仪器用完之后，应将各部件恢复到所要求的位置，及时做好清理工作，盖好防尘罩。

（5）仪器的附属设备应妥善安放，并经常进行安全检查。

（六）样品管理制度

（1）由于环境样品的特殊性，要求样品的采集、运送和保存等各环节都必须严格遵守有关规定，以保证其真实性和代表性。

（2）监测站的技术负责人应和采样人员、测试人员共同议定详细的工作计划，周密地安排采样和实验室测试间的衔接、协调，以保证自采样开始至结果报出的全过程中，样品都具有合格的代表性。

（3）样品容器除一般情况外的特殊处理，应由实验室负责进行。对于须在现场进行处理的样品，应注明处理方法和注意事项，所需试剂和仪器应准备好，同时提供给采样人员。对采样有特殊要求时，应对采样人员进行培训。

（4）样品容器的材质要符合监测分析的要求，容器应密塞、不渗不漏。

（5）样品的登记、验收和保存要按以下规定执行。

①采好的样品应及时贴好样品标签，填写好采样记录。将样品连同样品登记表、送样单在规定的时间内送交指定的实验室。填写样品标签和采样记录须使用防水墨汁，严寒季

节圆珠笔不宜使用时，可用铅笔填写。

②如须对采集的样品进行分装，分样的容器应和样品容器材质相同，并填写同样的样品标签，注明“分样”字样。同时对“空白”和“副样”也都要分别注明。

③实验室应有专人负责样品的登记、验收，其内容如下：样品名称和编号；样品采集点的详细地址和现场特征；样品的采集方式，是定时样、不定时样还是混合样；监测分析项目；样品保存所用保存剂的名称、浓度和用量；样品的包装、保管状况；采样日期和时间；采样人、送样人及登记验收人签名。

④样品验收过程中，如发现编号错乱、标签缺损、字迹不清、监测项目不明、规格不符、数量不足，以及采样不合要求者，可拒收并建议补采样品。如无法补采或重采，应经有关领导批准方可收样，完成测试后，应在报告中注明。

⑤样品应按规定方法妥善保存，并在规定时间内安排测试，不得无故拖延。

⑥采样记录，样品登记表，送样单和现场测试的原始记录应完整、齐全、清晰，并与实验室测试记录汇总保存。

第四节　实验室质量保证

监测的质量保证从大的方面可分为采样系统和测量系统两部分。实验室质量保证是测量系统中的重要部分，它分为实验室内质量控制和实验室间质量控制，目的是保证测量结果有一定的精密度和准确度。实验室质量保证必须建立在完善的实验室基础工作之上，以下讨论的前提是假定实验室的各种条件和分析人员是符合一定要求的。

一、名词解释

（一）准确度

准确度是一个特定的分析程序所获得的分析结果（单次测量值和重复测量值的平均值）与假定的或公认的真值之间符合程度的量度。它是反映分析方法或测量系统存在的系统误差和随机误差两者的综合指标，并决定其分析结果的可靠性。准确度用绝对误差和相对误差表示。

评价准确度的方法有两种：第一种是用某一方法分析标准物质，据其结果确定准确度；第二种是“加标回收”法，即在样品中加入标准物质，测定其加标回收率，以确定准确度，多次回收试验还可发现方法的系统误差，这是目前常用而方便的方法，其计算式为：

$$加标回收率=\frac{加标样品测量值-样品测量值}{加标量}\times 100\% \tag{6-1}$$

所以，通常加入标准物质的量应与待测物质的含量水平接近为宜，因为加入标准物质量的大小对加标回收率有影响。

（二）精密度

精密度是指用一特定的分析程序在受控条件下重复分析均一样品所得测量值的一致程度，它反映分析方法或测量系统所存在随机误差的大小。极差、平均偏差、相对平均偏差、标准偏差和相对标准偏差都可用来表示精密度大小，较常用的是标准偏差。

在讨论精密度时，常遇到如下术语：

1．平行性

平行性是指在同一实验室中，当分析人员、分析设备和分析时间都相同时，用同一分析方法对同一样品进行双份或多份平行样品测量结果之间的符合程度。

2．重复性

重复性是指在同一实验室内，当分析人员、分析设备和分析时间三因素中至少有一项不相同时，用同一分析方法对同一样品进行的两次或两次以上独立测量结果之间的符合程度。

3．再现性

再现性是指在不同实验室（分析人员、分析设备，甚至分析时间都不相同），用同一分析方法对同一样品进行多次测量结果之间的符合程度。

通常实验室内精密度是指平行性和重复性的总和；而实验室间精密度（即再现性），通常用分析标准物质的方法来确定。

（三）灵敏度

分析方法的灵敏度是指该方法对单位浓度或单位含量的待测物质的变化所引起的响应量变化的程度，它可以用仪器的响应量或其他指示量与对应的待测物质的浓度或量之比来描述，因此常用标准曲线的斜率来度量灵敏度。灵敏度因实验条件而变。标准曲线的直线部分以下式表示：

$$A = kc + a \tag{6-2}$$

式中：A——仪器的响应量；

c——待测物质的浓度；

a——标准曲线的截距；

k——方法的灵敏度，值越大，说明方法灵敏度越高。

在原子吸收光谱法中，国际纯粹与应用化学联合会（IUPAC）建议将以浓度表示的“1%吸收灵敏度”叫作特征浓度，而将以绝对量表示的“1%吸收灵敏度”称为特征量。特征浓度或特征量越小，方法的灵敏度越高。

（四）空白试验

空白试验又叫空白测量，是指用蒸馏水代替样品的测量。其所加试剂和操作步骤与实验测量完全相同。空白试验应与样品测量同时进行，样品分析时仪器的响应值（如吸光度、峰高等）不仅是样品中待测物质的分析响应值，还包括所有其他因素，如试剂中杂质、环境及操作过程的沾污等的响应值，这些因素是经常变化的，为了了解它们对样品测量的综合影响，在每次测量时，均做空白试验，空白试验所得的响应值称为空白试验值。对空白试验用水有一定的要求，即其中待测物质浓度应低于方法的检出限。当空白试验值偏高时，应全面检查空白试验用水、空白试剂、量器和容器是否沾污，仪器的性能及环境状况等。

（五）校准曲线

校准曲线是用于描述待测物质的浓度或含量与相应的测量仪器的响应量或其他指示量之间定量关系的曲线。校准曲线包括“工作曲线”（绘制校准曲线的标准溶液的分析步骤与样品的分析步骤完全相同）和“标准曲线”（绘制校准曲线的标准溶液的分析步骤与样品的分析步骤相比有所省略，如省略样品的预处理）。

监测中常用标准曲线的直线部分。某一方法标准曲线的直线部分所对应的待测物质浓度（或含量）的变化范围，称为该方法的线性范围。

（六）检出限

某一分析方法在给定的可靠程度内可以从样品中检出待测物质的最小浓度或最小含量。所谓检出是指定性检测，即断定样品中存在有浓度高于空白的待测物质。

检出限有几种规定，简述如下：

（1）分光光度法中规定以扣除空白值后，吸光度为0．01 相对应的浓度为检出限。

（2）气相色谱法中规定检测器产生的响应信号为噪声信号两倍时的量。最小检出浓度是指检出限与进样量（体积）之比。

（3）离子选择电极法规定某一方法标准曲线的直线部分的延长线与通过空白电位且平行于浓度轴的直线相交时，其交点所对应的浓度即为检出限。

（4）给定置信水平为95%时，样品浓度的一次测量值与零浓度样品的一次测量值有显著性差异者，即为检出限（L）。当空白测量次数 n 大于20 时：

$$L = 4.6 s_{wb} \quad (6-3)$$

式中：s_{wb} ——空白平行测量（组内）标准偏差。

（七）测定限

测定限分测定下限和测定上限。测定下限是指在测定误差能满足预定要求的前提下，用特定方法能够准确地定量测定待测物质的最小浓度或含量；测定上限是指在测定误差能满足预定要求的前提下，用特定方法能够准确地定量测定待测物质的最大浓度或含量。

最佳测定范围又叫有效测定范围，系指在测定误差能满足预定要求的前提下，特定方法的测定下限到测定上限之间的浓度范围。

方法适用范围是指某一特定方法测定下限至测定上限之间的浓度范围。显然，最佳测定范围应小于方法适用范围。

二、实验室内质量控制

实验室内质量控制是实验室分析人员对分析质量进行自我控制的过程，一般通过分析和应用某种质量控制图或其他方法来控制分析质量。

（一）质量控制图的绘制及使用

对经常性的分析项目常用质量控制图来控制质量。质量控制图的基本原理由修华特（W．A．Shewart）博士提出，他指出，每个方法都存在着差异，都受到时间和空间的影响，即使在理想的条件下获得的一组分析结果，也会存在一定的随机误差；但当某一个结果超出了随机误差的允许范围，运用数理统计的方法，可以判断这个结果是异常的、不可信的。质量控制图可以起到这种监测的“仲裁”作用。因此实验室内质量控制图是监测常规分析过程中可能出现的误差，控制分析数据在一定的精密度范围内，保证常规分析数据质量的有效方法。

在实验室工作中每项分析工作都由许多操作步骤组成，测量结果的可信度受到许多因素的影响，如果对这些步骤、因素都建立质量控制图，这在实际工作中是无法做到的，因此分析工作的质量只能根据最终测量结果来判断。

对经常性的分析项目，用质量控制图来控制质量。编制质量控制图的基本假设是：测量结果在受控的条件下具有一定的精密度和准确度，并服从正态分布。若一个控制样品，用一种方法，由同一个分析人员在一定时间内进行分析，积累一定量数据。如这些数据达到规定的精密度、准确度（即处于控制状态），以其结果的统计值-分析次序编制质量控制图。在以后的经常性分析过程中，取每份（或多次）平行的控制样品随机地编入环境样品中一起分析，根据控制样品的分析结果，推断环境样品的分析质量。

均值质量控制图绘制后，应标明绘图的有关内容和条件，如测定项目、分析方法、溶液浓度、温度、操作人员和绘制日期等。

均值质量控制图的使用方法：根据日常工作中该项目的分析频率和分析人员的技术水平，每间隔适当时间，取两份平行的控制样品，随环境样品同时测定，对操作技术较低的人员和测定频率低的项目，每次都应同时测定控制样品，将控制样品的测定结果（%）点在均值质量控制图上，根据下列规定检验分析过程是否处于控制状态。

（1）如果此点在上、下警告限之间区域内，则测定过程处于控制状态，环境样品分析结果有效。

（2）如果此点超出上、下警告限，但仍在上、下控制限之间的区域内，提示分析质量开始变劣，可能存在“失控”倾向，应进行初步检查，并采取相应的校正措施。

（3）若此点落在上、下控制限之外，表示测定过程“失控”，应立即检查原因，予以纠正。环境样品应重新测定。

（4）如遇到七点连续上升或下降（虽然数值在控制状态），表示测定有“失控”倾向，应立即查明原因，予以纠正。

（5）即使过程处于控制状态，尚可根据相邻几次测定值的分布趋势，对分析质量可能发生的问题进行初步判断。

当控制样品测定结果积累更多以后，这些结果可以和原始结果一起重新计算总均值、标准偏差，再校正原来的均值质量控制图。

（二）其他质量控制方法

用加标回收率来判断分析的准确度，由于方法简单、结果明确，故而是常用方法。由于在分析过程中对样品和加标样品的操作完全相同，以致干扰的影响、操作损失或环境污染也很相似，使误差抵消，因而当分析方法中某些问题尚难以发现时可采用以下方法：

1．比较试验

对同一样品采用不同的分析方法进行测定，比较结果的符合程度来估计测定准确度。对于难度较大而不易掌握的方法或测定结果有争议的样品，常采用此法，必要时还可以进一步交换操作者，交换仪器设备或两者都交换。将所得结果加以比较，以检查操作稳定性和发现问题。

2．对照分析

在进行环境样品分析的同时，对标准物质或权威部门制备的合成标准样品进行平行分析，将后者的测定结果与已知浓度进行比较，以控制分析准确度。也可以由他人（上级或权威部门）配制（或选用）标准样品，但不告诉操作人员浓度——密码样品，然后由上级或权威部门对结果进行检查，这也是考核人员的一种方法。

三、实验室间质量控制

实验室间质量控制的目的是检查各实验室是否存在系统误差，找出误差来源，提高监测水平，这一工作通常由某一系统的中心实验室、上级机关或权威单位负责。

（一）实验室质量考核

由负责单位根据所要考核项目的具体情况，参考前面所述内容，制订具体实施方案。考核方案一般包括如下内容：

（1）质量考核测定项目；

（2）质量考核分析方法；

（3）质量考核参加单位；

（4）质量考核统一程序；

（5）质量考核结果评定。

考核内容有：分析标准样品或统一样品；测定加标样品；测定空白平行样品，核查检出限；测定标准系列，检查相关系数和计算回归方程，进行截距检验等。通过质量考核，最后由负责单位综合实验室的数据进行统计处理后做出评价，予以公布。各实验室可以从中发现所存在问题并及时纠正。

工作中标准样品或统一样品应逐级向下分发，一级标准由中国环境监测总站将国家质量监督检验检疫总局确认的标准物质分发给各省、自治区、直辖市的环境监测中心，作为环境监测质量保证的基准使用。

二级标准由各省、自治区、直辖市的环境监测中心按规定配制并检验证明其浓度参考值、均匀度和稳定性，并经中国环境监测总站确认后，方可分发给各实验室作为质量考核的基准使用。

如果标准样品系列不够完备而有特定用途时，各省、自治区、直辖市在具备合格实验室和合格分析人员条件下，可自行配制所需的统一样品，分发给所属网、站，供质量保证活动使用。

各级标准样品或统一样品均应在规定要求的条件下保存，遇下列情况之一即应报废：①超过稳定期；②失去保存条件；③开封使用后无法或没有及时恢复原封装，而不能继续保存者。

为了减小系统误差，使数据具有可比性，在进行质量控制时，应使用统一的分析方法，首先应从国家（或部门）规定的“标准方法”之中选定。当根据具体情况须选用“标准方法”以外的其他分析方法时，必须用该方法与相应“标准方法”对几份样品进行比较试验，按规定判定无显著性差异后，方可选用。

（二）实验室误差测验

在实验室间起支配作用的误差常为系统误差，为检查实验室间是否存在系统误差，它的大小和方向，以及对分析结果的可比性是否有显著影响，可不定期地对有关实验室进行误差测验，以便发现问题及时纠正。

根据随机误差的特点，各点应分别高于或低于平均值，且随机出现。因此如各实验室间不存在系统误差，则各点应随机分布在4个象限，即大致成一个以代表两平均值的直线交点为圆心的圆，如图6-1（a）所示。如各实验室间存在系统误差，则实验室测定值双双偏高或双双偏低，即测定点大多数分布在++或--象限内，形成一个与y轴正方向约成45°倾斜的椭圆，如图6-1（b）所示。根据此椭圆的长轴与短轴之差及其位置，可估计实验室间系统误差的大小和方向。

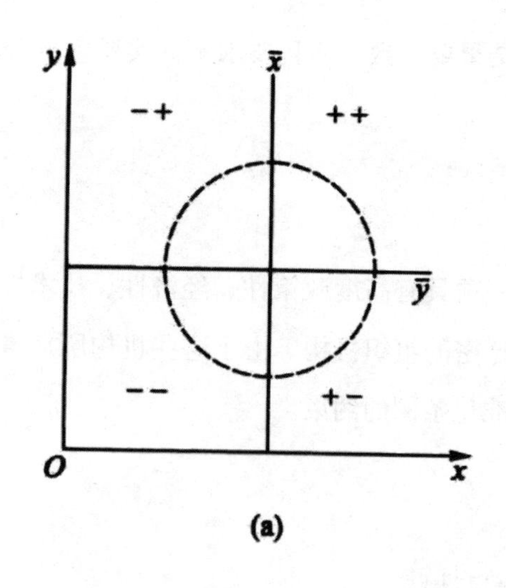

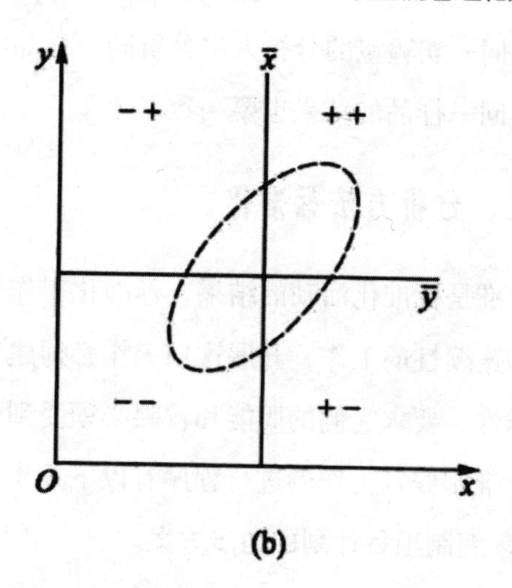

图6-1 双样图

第五节 标准分析方法和分析方法标准化

一、标准分析方法

一个项目的测定往往有多种可供选择的分析方法，这些方法的灵敏度不同，对仪器和操作的要求不同；而且由于方法的原理不同，干扰因素也不同，甚至其结果的表示含义也不尽相同。当采用不同方法测定同一项目时就会产生结果不可比的问题，因此有必要进行分析方法标准化工作。标准方法的选定首先要达到所要求的检出限，其次能提供足够小的随机误差和系统误差，同时对各种环境样品能得到相近的准确度和精密度，当然也要考虑技术、仪器的现实条件和推广的可能性。

标准分析方法又称分析方法标准，是技术标准中的一种，它是一项文件，是权威机构对某项分析所做的统一规定的技术准则和各方面共同遵守的技术依据，它必须满足以下条件：

1. 按照规定的程序编制；
2. 按照规定的格式编写；
3. 方法的成熟性得到公认，通过协作试验，确定了方法的误差范围；
4. 由权威机构审批和发布。

编制和推行标准分析方法的目的是为了保证分析结果的重复性、再现性和准确度，不但要求同一实验室的分析人员分析同一样品的结果要一致，而且要求不同实验室的分析人员分析同一样品的结果也要一致。

二、分析方法标准化

标准是标准化活动的结果，标准化工作是一项具有高度政策性、经济性、技术性、严密性和连续性的工作，开展这项工作必须建立严密的组织机构。由于这些机构所从事工作的特殊性，要求它们的职能和权限必须受到标准化条例的约束。

标准制修订工作的进行程序有以下几步。

1. 编制项目计划的初步方案。

2. 确定项目承担单位和项目经费，形成项目计划。

3. 下达项目计划任务。

4. 项目承担单位成立编制组，编制开题论证报告。

5. 项目开题论证，确定技术路线和工作方案。

6. 编制标准征求意见稿及编制说明。

7. 对标准征求意见稿及编制说明进行技术审查。

8. 公布标准征求意见稿，向有关单位及社会公众征求意见。

9. 汇总处理意见，编制标准送审稿及编制说明。

10. 对标准送审稿及编制说明进行技术审查。

11. 编制标准报批稿及编制说明。

12. 对标准进行行政审查；环境质量标准和污染物排放（控制）标准的行政审查包括司务会、部长专题会和部常务会审查；其他标准行政审查主要为司务会审查，若为重大标准应经部长专题会审查。

13. 标准批准（编号）、发布。

14. 标准正式文本出版。

15. 项目文件材料归档。

16. 标准编制人员工作证书发放。

17. 标准的宣传、培训。

三、监测实验室间的协作试验

协作试验是指为了一个特定的目的和按照预定的程序所进行的合作研究活动。协作试验可用于分析方法标准化、标准物质浓度定值、实验室间分析结果争议的仲裁和分析人员技术评定等项工作。

分析方法标准化协作试验的目的，是为了确定拟作为标准的分析方法在实际应用的条件下可以达到的精密度和准确度，制定实际应用中分析误差的允许界限，以作为方法选择、质量控制和分析结果仲裁的依据。

进行协作试验预先要制订一个合理的试验方案。并应注意下列因素：

（一）实验室的选择

参加协作试验的实验室要选择在地区和技术上有代表性，并具备参加协作试验的基本条件。如分析人员、分析设备等，避免选择技术太高和太低的实验室，实验室数目以多为好，一般要求 5 个以上。

（二）分析方法

选择成熟和比较成熟的分析方法，方法应能满足确定的分析目的，并已写成了较严谨的文件。

（三）分析人员

参加协作试验的实验室应指定具有中等技术水平的分析人员参加工作，分析人员应对被评价的方法具有实际经验。

（四）实验设备

参加协作试验的实验室要尽可能用已有的可互换的同等设备。各种量器、仪器等按规定校准，如同一实验有两人以上参加，除专用设备外，其他常用设备（如天平、玻璃器皿和分光光度计等）不得共用。

（五）样品的类型和含量

样品基体应有代表性，在整个试验期间必须均匀稳定。

由于精密度往往与样品中被测物质浓度水平有关，一般至少要包括高、中、低 3 种浓度。如要确定精密度随浓度变化的回归方程，则至少要使用 5 种不同浓度的样品。

只向参加协作试验的实验室分发必需的样品量，不得多余，样品中待测物质含量不应恰为整数或一系列有规则的数，作为商品或浓度值已为人所知的标准物质不宜作为方法标准化协作试验或考核人员的样品，使用密码样品可避免“习惯性”偏差。

（六）分析时间和测定次数

同一名分析人员至少要在两个不同的时间进行同一样品的重复分析。一次平行测定的平行样数目不得少于两个。每个实验室对每种含量的样品的总测定次数不应少于6次。

（七）协作试验中的质量控制

在正式分析以前要分发类型相似的已知样，让分析人员进行操作练习，取得必要的经验，以检查和消除实验室的系统误差。

协作试验设计不同，数据处理的方法也不尽相同。以方法标准化为例，一般的计算步骤是：

（1）整理原始数据，汇总成便于计算的表格；

（2）核查数据并进行离群值检验；

（3）计算精密度，并进行精密度与含量之间的相关性检验；

（4）计算允许误差；

（5）计算准确度。

第六节　环境标准物质

一、环境标准物质及其分类

（一）环境计量

环境计量是定量地描述环境中有害物质或物理量在不同介质中的分布及浓度（或强度）的一种计量系统。环境计量包括环境化学计量和环境物理计量两大类。

环境化学计量是以测定大气、水体、土壤以及人和生物中有害物质为中心的化学物质测量系统；环境物理计量是以测定噪声、振动、电磁辐射、放射性、热污染等为中心的物理计量系统。

（二）基体和基体效应

在环境样品中，各种污染物的含量一般在 10^{-6} 或 10^{-9} 甚至 10^{-12} 数量级水平，而大量存在的其他物质则称为基体。

目前环境监测中所用的测定方法绝大多数是相对分析法，即将基准试剂或标准溶液与待测样品在相同条件下进行比较测定的一种方法。这种用“纯物质”配成的标准溶液与实际环境样品间的基体差异很大。由于基体组成不同，因物理、化学性质差异而给实际测定中带来的误差，叫作基体效应。

（三）环境标准物质

环境标准物质是标准物质中的一类。不同国家、不同机构对标准物质有不同的名称，而且至今仍没有被普遍接受的定义。

国际标准化组织（ISO）将标准物质（Reference Material，RM）定义为这种物质具有一种或数种已被充分确定的性质，这些性质可以用作校准仪器或验证测量方法。RM 可以传递不同地点之间的测量数据（包括物理的、化学的、生物的或技术的）。RM 可以是纯的，也可以是混合的气体、液体或固体，甚至是简单的人造物质。在一批 RM 发放前，应确定其给定的一种或数种性质，以及足够的稳定性。通常在规定的不确定性范围内，适当小量的 RM 样品应该具备完整的 RM 的性质。ISO 还定义了具有证书的标准物质（Certified Reference Material，CRM），这类标准物质应带有证书，在证书中应具备有关的特性值，使用和保存方法及有效期。证书由国家权威计量单位发放。

美国国家标准与技术研究院（NIST）定义的标准物质称为标准参考物质（Standard Reference Material，SRM），是由 NIST 鉴定发行的，其中具有鉴定证书的也称 CRM。标准物质的定值由下述 3 种方法之一获得：①一种已知准确度的标准方法；②两种以上独立可靠的方法；③一种专门设立的实验室协作网。SRM 主要用于：①帮助发展标准方法；②校正测量系统；③保证质量控制程序的长期完善。

国家标准物质应具备以下条件：

（1）用绝对测量法或两种以上不同原理的准确、可靠的测量方法进行定值，此外，亦可在多个实验室中分别使用准确可靠的方法进行协作定值；

（2）定值的准确度应具有国内最高水平；

（3）应具有国家统一编号的标准物质证书；

（4）稳定时间应在一年以上；

（5）应保证其均匀度在定值的精密度范围内；

（6）应具有规定的合格的包装形式。

作为标准物质中的一类，环境标准物质除具备上述性质外，还应具备：

（1）由环境样品直接制备或人工模拟环境样品制备的混合物；

（2）具有一定的环境基体代表性。

我国环境标准物质的研制工作始于20世纪70年代末，目前已有气体、液体和固体的多种环境标准物质。

在环境监测中应根据分析方法和被测样品的具体情况运用适当的环境标准物质。在选择环境标准物质时应考虑以下原则：

（1）对环境标准物质基体组成的选择，环境标准物质的基体组成与被测样品的组成越接近越好，这样可以消除方法基体效应引入的系统误差；

（2）环境标准物质准确度水平的选择，环境标准物质的准确度应比被测样品预期达到的准确度高3~10倍；

（3）环境标准物质浓度水平的选择，分析方法的精密度是被测样品浓度的函数，所以要选择浓度水平适当的环境标准物质；

（4）取样量的考虑，取样量不得小于环境标准物质证书中规定的最小取样量。

环境标准物质可以广泛地应用于环境监测，主要用于：

（1）评价监测分析方法的准确度和精密度，研究和验证标准方法，发展新的监测方法；

（2）校正并标定监测分析仪器，发展新的监测技术；

（3）在协作实验中用于评价实验室的管理效能和监测人员的技术水平，从而加强实验室提供准确、可靠数据的能力；

（4）把环境标准物质当作工作标准和监控标准使用；

（5）通过环境标准物质的准确度传递系统和追溯系统，可以实现国际同行间、国内同行间以及实验室间数据的可比性和时间上的一致性；

（6）作为相对真值，环境标准物质可以用作环境监测的技术仲裁依据；

（7）以一级环境标准物质作为真值，控制二级环境标准物质和质量控制样品的制备和定值，也可以为新类型的环境标准物质的研制与生产提供保证。

二、我国环境标准物质

我国环境标准物质研制非常迅速，为提高环境监测质量提供了技术支持。环境监测类标准物质分类及数量如下表所示。

表 6-1 环境监测类标准物质分类及数量

类别	标准物质产品数量
水质监测标准物质	141
空气监测标准物质	8
有机物监测标准物质	56
无机物监测标准溶液	582
有机物监测标准溶液	103

参考文献

[1] 李秀红. 生态环境监测系统 [M]. 北京：中国环境出版集团，2020.

[2] 李云. 岩溶地区生态环境破坏分析与治理 [M]. 北京：中国建材工业出版社，2020.

[3] 卢霞，张德利，王晓静. 海州湾东西连岛环境监测研究 [M]. 北京：海洋出版社，2017.

[4] 陆军. 长江经济带生态环境保护修复进展报告 [M]. 北京：中国环境出版集团，2020.

[5] 汪先锋. 生态环境大数据 [M]. 北京：中国环境出版集团，2019.

[6] 王文斌. 水利水文过程与生态环境 [M]. 长春：吉林科学技术出版社，2019.

[7] 汪劲. 生态环境监管体制改革与环境法治 [M]. 北京：中国环境科学出版社，2019.

[8] 许建贵，胡东亚，郭慧娟. 水利工程生态环境效应研究 [M]. 郑州：黄河水利出版社，2019.

[9] 谢佐桂，徐艳，谭一凡. 园林绿化灌木应用技术指引 [M]. 广州：广东科技出版社，2019.

[10] 袁惠燕，王波，刘婷. 园林植物栽培养护 [M]. 苏州：苏州大学出版社，2019.

[11] 唐岱，熊运海. 园林植物造景 [M]. 北京：中国农业大学出版社，2019.

[12] 谢风，黄宝华. 园林植物配置与造景 [M]. 天津：天津科学技术出版社，2019.

[13] 雷一东. 园林植物应用与管理技术 [M]. 北京：金盾出版社，2019.

[14] 王皓. 现代园林景观绿化植物养护艺术研究 [M]. 南京：江苏凤凰美术出版社，2019.

[15] 盛丽. 生态园林与景观艺术设计创新 [M]. 南京：江苏凤凰美术出版社，2019.

[16] 韩丽莉，祁永，廉国钊. 京津冀立体绿化经典案例 [M]. 天津：天津科学技术出版社，2019.

[17] 左小强. 城市生态景观设计研究 [M]. 长春：吉林美术出版社，2019.

[18] 徐梅，杨嘉玲. 园林绿化工程预算课程设计指南 [M]. 成都：西南交通大学出版

社，2018.

[19] 朱燕辉，李秋晨，曹雷. 园林景观施工图设计实例图解：绿化及水电工程［M］. 北京：机械工业出版社，2018.

[20] 白颖，胡晓宇，袁新生. 环境绿化设计［M］. 武汉：华中科技大学出版社，2018.

[21] 吕敏，丁怡，尹博岩. 园林工程与景观设计［M］. 天津：天津科学技术出版社，2018.

[22] 王国夫. 园林花卉学［M］. 杭州：浙江大学出版社，2018.

[23] 娄娟，娄飞. 风景园林专业综合实训指导［M］. 上海：上海交通大学出版社，2018.

[24] 徐文辉. 城市园林绿地系统规划［M］. 3 版. 武汉：华中科技大学出版社，2018.

[25] 黄茂如. 黄茂如风景园林文集［M］. 上海：同济大学出版社，2018.

[26] 王海芹，高世楫. 生态文明治理体系现代化下的生态环境监测管理体制改革研究［M］. 北京：中国发展出版社，2017.

[27] 胡磊，纪靓靓. 环境生态监测实验教程［M］. 南京：河海大学出版社，2017.

[28] 唐兆民. 海洋环境监测［M］. 延吉：延边大学出版社，2017.

[29] 舒展，黄慧，于文男. 环境生态学［M］. 哈尔滨：东北林业大学出版社，2017.

[30] 马广仁. 国家湿地公园生态监测技术指南［M］. 北京：中国环境出版社，2017.

[31] 张清宇，欧晓理，孟东军. “一带一路”生态环境合作机制研究［M］. 杭州：浙江大学出版社，2017.

[32] 马志远，陈彬，黄浩. 中国海岛生态系统评价［M］. 北京：海洋出版社，2017.